旅客列车客运乘务

主　编　邓　岚　罗　斌
副主编　应夏晖　徐友良
主　审　肖　伟

西南交通大学出版社
·成　都·

图书在版编目（CIP）数据

旅客列车客运乘务 / 邓岚，罗斌主编. —成都：西南交通大学出版社，2008.8
ISBN 978-7-5643-0036-4

Ⅰ. 旅… Ⅱ. ①邓… ②罗… Ⅲ. 铁路运输：旅客运输－高等学校：技术学校－教材 Ⅳ. U293

中国版本图书馆 CIP 数据核字（2008）第 131924 号

旅客列车客运乘务

主编 邓 岚 罗 斌

责任编辑	阳 晓
特邀编辑	李晓辉
封面设计	本格设计
出版发行	西南交通大学出版社 （成都二环路北一段 111 号）
发行部电话	028-87600564 87600533
邮 编	610031
网 址	http: //press.swjtu.edu.cn
印 刷	四川锦祝印务有限公司
成品尺寸	140 mm×203 mm
印 张	8.5
字 数	190 千字
印 数	1—3 000 册
版 次	2008 年 8 月第 1 版
印 次	2008 年 8 月第 1 次印刷
书 号	ISBN 978-7-5643-0036-4
定 价	15.00 元

前言

随着高等职业教育的迅速发展，为了更好地落实教育部《面向21世纪教育振兴行动计划》中提出的“职业教育课程改革和教材规划”的要求，满足铁路现场生产单位对高职人才知识和技能的新需要，湖南交通工程职业技术学院组织了一批铁道运输专业骨干教师，对铁路交通运输的新近发展情况以及人才需求进行了调查研究，决心编写本书以填补旅客列车客运乘务领域缺少合适教材的这样一个空白。此外，铁路客运段每年春运、暑运都要培训大量临时参与列车客运乘务工作的人员，也缺乏相应的教学资料。所以，本书的出版具有一定的意义。

在本书的编写内容安排上，以全面介绍旅客列车客运乘务工作为主，以现行铁路有关规章、国家标准、铁道部行业标准为依据，按照理论少而精、充分联系实际的原则，及时将铁路运输技术的发展和管理制度及方法的更新纳入到教材之中，力求体现教材的科学性、系统性，使教材更加符合铁路现代化、管理科学化和高职培养应用型人才的各项要求。通过本教材的课堂理论教学、校内客运礼仪的训练、现场生产实习，力求让学生们学会运用规章处理旅客列车客运工作的有关问题，掌握旅客列车各工种的基本技能。

本教材由湖南交通工程职业技术学院邓岚、罗斌主编。编写分工如下：第一、二、三章由邓岚编写、第四章由罗斌编写、第五、六章由徐友良编写、第七章由应夏晖编写。

在编写教材过程中，得到了广州铁路集团公司、中铁快运公司等有关单位的支持，在此表示感谢。

由于资料收集不甚完备加之编者的水平所限，书中存在疏漏和考虑不周的地方，恳请广大读者批评指正。

编　者

2008 年 7 月

目　录

第一章　客运乘务的基础知识

铁路是我国国民经济的大动脉，其主要任务是运输旅客和货物，为工农业生产、国防建设和人民生活服务。旅客运输是整个铁路运输的重要组成部分，随着国民经济的快速发展和人民生活水平的不断提高以及国际交流往来的日益频繁，铁路客运量在逐年增长。旅客运输对于沟通国际和国内各地区的文化交流、密切城乡联系，改善人民生活起着越来越重要的作用。铁路旅客列车是我国完成旅客运输的重要运载工具，列车乘务组的工作笼统地讲，是用一系列的服务，将旅客安全、迅速、准确地送达目的地。

第一节　客运乘务工作的意义

铁路旅客运输生产，既有组织管理工作，也有客运服务工作。前者包括编制旅客运输计划、铺画列车运行图、开行旅客列车、制定客运规章以及具体组织旅客乘车等内容；后者包括旅客从购买车票、托运行李包裹、问讯、小件寄存、候车到乘车旅行、饮食、旅途文化生活等全过程。这些都离不开客运基层生产单位——车站和列车的服务工作。

全国铁路有 4 000 多个客运营业站，每天开行 1 000 多对旅客列车，有几十万客运职工日夜奋战在工作岗位上。旅客列车乘务工作人员从迎接旅客上车、安排坐席、吃饭用水，到安全下车出站，从一般接待，到照顾重点旅客，都洒满了辛勤的汗水，他们的工作平凡而伟大。

旅客列车乘务工作的主要任务是输送旅客和行李、包裹。列车乘务员整天和旅客打交道，不仅仅是倒水、拖地、送饭，还要帮助旅客解决旅途中遇到的各种困难，更重要的是通过自己的劳动和热情服务，使车厢成为一个温暖的大家庭。对国内旅客要一视同仁，做到热情周到，体现铁路客运职工的素质和风采；对回国观光、探亲访友的海外侨胞，要处处体现祖国的温暖和进步，激发他们对伟大祖国的热爱之情；对国际友好人士，要体现我国热情好客，增进与各国人民之间的友谊。乘务人员要树立全心全意为人民服务的思想，想旅客之所想、急旅客之所急、帮旅客之所需，主动热情、态度和蔼、礼貌周到地为旅客服务。同时由于旅客列车受客流多变、设备条件等多方面因素的影响和限制，旅客运输组织和客运服务存在诸多困难，这就更加要求建立严密的列车乘务组织，制定完善的乘务工作制度，有一整套规范乘务人员工作行为的作业标准，尽可能为旅客提供各种优良服务，让旅客放心与满意。

客运乘务工作具体包括以下内容：

(1) 使车内经常保持整齐清洁，设备好用，温度适宜，照明充足；

(2) 对老、幼、病、残、孕等重点旅客，通过访问做到心中有数，主动迎送，重点照顾；

(3) 通告站名，照顾旅客上下车，及时妥善地安排旅客座席、铺位；

（4）维护车内秩序，保证安全正点；

（5）搞好列车饮食供应。

第二节　客运列车分类及编组

按照《铁路技术管理规程》规定，列车是指编成的车列，并挂有机车和规定的列车标志。客运列车一般以客车车辆编定为车列，以运送旅客为主要目的。

一、客运列车的分类

客运列车根据其运行速度、运行范围、设备配置、列车等级等基本条件的不同，主要分为 9 类。

1. 动车组列车

为了适应铁路高速化发展的要求，我国铁路自 2007 年提速后陆续开行了大约 200 多对动车组列车。这种列车由带动力的动车和不带动力的拖车组成，运行时速在 200 km 以上。它停点少，票价高于普通列车，其车次前冠以“D”符号，目前运行在主要干线上，将来客运专线也是运行这种列车。

2. 直达特快旅客列车

它指列车由始发站开出后，沿途不设停点，直达列车终点站的超特快旅客列车，也称为“点对点”列车。到 2007 年，全路开行了 26 对直达特快列车。这些列车主要运行于北京至上海、杭州、长沙、扬州、武汉、南昌、西安、哈尔滨等城市，以及武昌至上海南、杭州、宁波等。均采用“夕发朝至”的运行方式。

直达特快旅客列车的车次前冠以“Z”符号，列车运行时速一般保持在 160 km/h。全列采用合资生产的“庞巴迪”型和 25T 型新型车辆，采用密接式车钩、集便式装置，使旅客乘车更为快捷、舒适。

3. 特快旅客列车

特快旅客列车是目前我国铁路运营线上速度较快的旅客列车，区间运行速度在 140 km/h（个别区段列车运行速度达到 200 km/h，如广深线的“新时速”）。特快旅客列车装备质量优良、服务水平较高、乘车环境舒适，主要在首都与各大城市及国际间开行，其车次前冠以“T”符号。特快旅客列车有跨局运行和管内运行之分。

4. 快速旅客列车

快速旅客列车的运行速度次于特快旅客列车，一般区间运行时速为 120 km/h。列车设备质量良好，运行在大、中城市之间。跨局运行的快速旅客列车车次前冠以“K”符号，局管内运行的快速旅客列车车次前冠以“N”符号。

5. 普通旅客列车

普通旅客列车大多数是非空调车，属于经济型的客运列车，它停车次数较多，速度较慢，运行速度一般在 120 km/h 以下，分为普通旅客快车和普通旅客慢车两类，车次为四位阿拉伯数字。

6. 临时旅客列车

根据春运、暑运等特殊运输市场需求而临时增开的旅客列车，采用备用客车编组，其车次前冠以“L”符号。

7. 临时旅游列车

一般在节假日和暑期根据旅游客流的需求而临时开行客运旅游列车，在名胜古迹、游览胜地所在站和大、中城市之间开行。旅游列车的速度、服务和设备较好。其车次前冠以“Y”符号。

8. 回送客车车底列车

回送客车车底列车，是把客车配属站的空客车车底调送至异地的列车始发站，或把旅客送至目的地后将空客车回送至原客车的配属站而运行的列车。除有上级特殊指令外，一般不办理客运业务，接发列车作业时不按旅客列车办理。

9. 混合列车

指以运送旅客的车辆为主，与运送货物的车辆混合编成的列车。包括货物列车中编挂乘坐旅客车辆 10 辆及其以上的列车。

二、旅客列车的车次

全国每天有上千对不同种类和性质的旅客列车运行在铁路线路上，为了便于旅客识别各种旅客列车的运行方向、种类和性质，也考虑到铁路行车部门对旅客列车运行组织和管理的需要，铁路部门按有关规定编定了列车车次。所以，车次是列车的简明代号，它能表示列车的种类——客运列车还是货物列车，列车的等级——快车还是慢车，列车的方向——上行还是下行。在我国以首都北京为中心，凡是开往北京方向的列车为上行列车，支线向干线方向也指定为上行方向，车次编为双数；反之为下行方向，车次编为单数。铁路局管内个别区段允许与规定方向不符。

旅客列车车次主要依据列车等级、种类、运行范围等编定的，见表 1－1。

表 1-1 旅客列车车次表

类别 序号	列车种类		车 次
1	动车组列车		D1～D998
2	直达特快列车		Z1～Z998
3	特快旅客列车	跨 局	T1～T298
		管 内	T301～T998
4	快速旅客列车	跨 局	K1～K998
		管 内	N1～N998
5	普通旅客快车	跨三局及以上	1001～1998
		跨两局	2001～3998
		管 内	4001～5998
6	普通旅客慢车	跨 局	6001～6198
		管 内	6201～8998
7	临时旅客列车	跨 局	L1～L498
		管 内	L501～L998
8	临时旅游列车	跨 局	Y1～Y498
		管 内	Y501～Y998
9	回送客车车底列车		001～00298
10	因故折返旅客列车		原车次前冠以“0”

三、旅客列车的编组

1. 旅客列车的编组要求

（1）旅客列车应按旅客列车编组表编组，机后第一位须编挂一辆未搭乘旅客的车辆作为隔离车。行李车、邮政车、发电车等非乘坐旅客的车辆应分别挂于机车后第一位和列车尾部，起隔离作用。但遇有下列情况之一时，可不挂隔离车运行：

①旅客列车运行在装有集中联锁区段，并设有列车运行监控记录装置或列车超速防护系统时；

②局管内旅客列车经铁路局长批准；

③旅客列车的隔离车在途中发生故障而摘下时。

(2) 旅客列车最后一辆的后端，应设有列车制动主管压力表、紧急制动阀和运转车长乘务室。

(3) 旅客列车由列车乘务组担当服务。列车乘务组一般由机车乘务人员、客运乘务人员、车辆乘务人员、公安乘警、运转车长组成。混合列车是否派客运乘务组和运转车长，由铁路局根据区段运行情况来确定。

(4) 动车组列车的编组及运行方式，一般为固定型小编组、密集式运行。

2. 旅客列车的编挂限制

(1) 特快旅客列车不准编挂货车；编入的客车车辆其最高运行速度等级，必须符合该列车规定的速度要求。

其他旅客列车原则上不准编挂货车。特殊情况下，局管内旅客列车经铁路局准许、跨局的旅客列车经铁道部准许，方可在列车后部加挂，但不得超过两辆。加挂货车的技术状态和最高运行速度，须符合该列车规定速度要求。

旅客列车中乘坐旅客的车辆，与机车、货车相连接的客车端门及编挂在列车尾部的客车后端门必须加锁。

(2) 旅客列车遇特殊情况须附挂跨铁路局的回送机车时，按铁道部命令办理。

(3) 旅客列车不准编挂关门车。在运行途中如遇自动制动机临时故障，在停车时间内不能修复时，允许关闭一辆，但列车最后一辆不得为关门车。

（4）旅客列车在途中摘挂车辆时，车辆的摘挂和软管摘结由调车人员负责，其他由列检作业人员负责，无列检作业人员时由车辆乘务员负责，必要时打开车门，以便于调车作业。

（5）下列车辆禁止编入旅客列车：

① 超过定期检修期限的车辆（经车辆部门鉴定送厂、段施修的客车除外）；

② 装载危险、恶臭货物的车辆。

（6）混合列车不得编入装载爆炸品、压缩气体、液化气体的车辆。编挂整车装载其他危险货物的车辆，须经铁路局批准，并按规定隔离。编挂装载恶臭货物的车辆时，由列车调度员指定编挂位置。

第三节 旅客列车乘务组工作

一、旅客列车乘务组的组成

旅客列车乘务组是客运部门的基层生产班组。乘务组的建立是按列车运行图中列车开行对数确定的，由客运、车辆和公安部门的乘务人员共同组成，分别由客运段（列车段）、车辆段、公安分处领导，在一个旅客列车上担当乘务工作，列车长统一指挥。

客运乘务组包括列车长、列车值班员、列车行李员、列车员、广播员及餐车供应人员；车辆乘务组包括检车员和车电员，其中一人兼检车组长；乘警组一般由两名乘警轮流担当工作。他们各自职责分工如下。

1. 客运乘务组

(1) 组织旅客安全乘降，维护正常的运行秩序；

(2) 查验车票，纠正违章，查堵“三品”，防火防爆，保证旅客列车和旅客、行李包裹的运输安全；

(3) 开展优质服务和路风建设，搞好列车饮食供应，保持车厢卫生洁净，车容整洁，文明服务，礼貌待客；

(4) 爱护车内各项设备，正确使用和管理好设备、备品，严格交接；

(5) 加强班组管理和业务培训，健全各项生产管理台账，积极开展“三乘一体”管理和列车治安联防工作。

2. 检车乘务组

(1) 按技术作业过程对客车设备进行技术检查，掌握车辆技术动态和故障处理情况；

(2) 按包乘工作范围整修好车辆上部设备，保证各项设备的安全、优质、功能正常；

(3) 加强列车运行途中的安全巡视和停站的检查，负责列车尾部标志灯的摘挂和维修，参加列车制动机实验；

(4) 积极参加列车“三乘一体”管理，协助列车长搞好治安联防和消防工作，维护路风路誉。

3. 乘警组

(1) 依法管理治安，维护旅客列车治安秩序，预防和打击犯罪分子的破坏活动，查处各类治安事件，查禁走私、贩卖国家管理物资等非法行为；

(2) 查缉通缉犯、逃犯，协助公安、安全、司法部门在列车上执行公务；

(3) 做好乘车首长、外宾的安全保卫工作；

(4) 组织列车工作人员、旅客同自然灾害、治安事件做斗争，协助列车处理各种突发事件；

(5) 负责所乘列车的消防监督工作，抓好防火、防爆、防盗、防破坏工作，督促乘务人员查堵“三品”，严格警风，维护路风；

(6) 协助列车长抓好列车治安联防工作。

二、旅客列车乘务组需要数的确定

1. 计算乘务组一次往返出乘的作业时间 T往返

计算公式如下：

$$T_{往返}=T_{值乘}+T_{出退勤}+T_{双班}+T_{清扫}+T_{看车}$$

(1) 值乘时间，即值乘旅客列车往返一次实际运行时间的一半（因乘务组在列车单程运行 12 小时以上的为双班）。

(2) 出退勤时间计算标准见表 1-2。

表 1-2 出退勤工时计算标准

出退勤时间 \ 单程运行时间	12 小时以上	6～12 小时	6 小时以下
本段出勤	90 分钟	90 分钟	70 分钟
外段到达	30 分钟	30 分钟	20 分钟
外段出勤	70 分钟	65 分钟	60 分钟
本段到达	60 分钟	30 分钟	20 分钟
合　计	250 分钟	215 分钟	170 分钟

(3) 始发、终到、途中双班作业每人每次按 30 分钟计算。

(4) 本、外段入库清扫工时，内容详见表 1－3。

表 1－3　本、外段入库清扫工时

单程运行时间	12 小时以上	6～12 小时	6 小时以下
入库清扫时间	360 分钟	360 分钟	180 分钟
作 业 人 数	2 人	1 人	1 人

(5) 车底在本、外段停留，必须派人看车。看车人数：软硬卧、软座车各 1 人，餐车 2 人，硬座车 1 人（冬季采暖期间，硬座车每三辆或不足三辆 1 人）。

$$看车工时=\frac{（列车停留时间-出退勤时间-库内清扫时间）}{全车班人数}\times看车人数$$

2. 计算乘务组每月值乘次数 K

(1) 目前我国实行八小时工作双休日制度，全年 12 个月，日历日 365 天，周末休息日 104 天，法定节假日 11 天（元旦节 1 天、春节 3 天、清明节 1 天、劳动节 1 天、端午节 1 天、中秋节 1 天、国庆节 3 天）。乘务员每月工作小时为：

(365－104－11) 天÷12 月×8 小时/天＝166.7 小时/月

(2) 乘务组每月值乘次数 $K=166.7/T_{往返}$

3. 计算一对列车所需要的乘务组数 B

设一个月为 D 日，每天开行 N 对列车，则一个月需要开行 $D\cdot N$ 对列车。所以，需要的列车乘务组数为：

$B=D\cdot N/K$

4. 计算乘务员需要数

根据列车编组及乘务组编制即可计算乘务员的需要数。

（1）乘务人员的编制标准是根据劳动工资部门制定的计划岗位人员编制标准确定的，旅客列车单程运行时间长短决定编制人员的需要数目。如单程运行时间 18 小时以上的，旅客列车乘务人员编制如下：列车长（正、副）2 人，列车员每车 2 人，广播员 2 人，行李员 2 人，餐车人员单程一餐 7 人、两餐 8 人、三餐 9 人、22 小时以上者 10 人，供水员每辆茶炉车 1 人。

（2）乘务人员的编制定员乘以乘务组数，即得所需要的乘务员数。

【例 1－1】 计算上海南—南宁快速旅客列车所需乘务组数。

已知：上海南—南宁 2 052 km，根据现行列车运行图，往返运行时间 55 小时 20 分钟，列车编组 16 辆，客运人员 44 人，包乘制。

解：（1）乘务组一次往返作业时间：

$T_{往返}=T_{值乘}+T_{出退勤}+T_{双班}+T_{清扫}+T_{看车}$

$=27$ 小时 40 分钟 $+4$ 小时 10 分钟 $+4$ 小时 $+$ 6 小时 $+25$ 分钟

$=42$ 小时 15 分钟 $=42.25$ 小时

（2）乘务组每月值乘次数：

$K=166.7\div42.25=3.95\approx4$ 次

（3）该对列车所需乘务组数：

$B=30\times1\div4=7.5\approx8$ 组

三、旅客列车乘务组的乘务制度和工作制度

1. 乘务制度

为了保证旅客列车安全，旅客列车乘务组实行固定班组制。

按照既有利于保养车辆、又合理使用劳动力的原则，根据列车种类和运行距离，分别采用包乘制和轮乘制。

(1) 包乘制。

包乘制是指按列车行驶区段和车次由固定的列车乘务组包乘。根据使用车底的不同，又分为包车底制和包车次制。

包车底制是指乘务组不仅固定区段、车次而且固定包乘某一车底。这种形式有利于加强车辆设备和备品的管理，有利于乘务人员熟悉列车沿途情况和旅客乘降规律，以便更好地安排自己的工作、提高服务质量。缺点是长途旅客列车需挂乘务员休息车，浪费了运能，乘务工时一般难以保证。目前大都执行包车底制，工时不足时采用乘务员套跑短途列车或长途列车套跑短途列车的方法，这样可以节省车底又可弥补乘务工时的不足。

包车次制是指一个车次由几个乘务组包干值乘，不包车底。优点是便于管理，可保证服务质量。缺点是交接手续复杂，不利于车底保养。

(2) 轮乘制。

轮乘制是指在列车密度大，且列车种类和编组基本相同的区段，为了紧凑组织乘务交路和班次，采用乘务组不包车底而按照出乘顺序、轮流担当乘务工作的制度。优点是乘务员单班作业，一般在本局管内值乘，对线路、客流及交通地理情况比较熟悉，联系工作方便。不需要挂乘务员休息车，节约了运能。缺点是增加了交接，不利于车辆保养。

2. 工作制度

旅客列车乘务组为了良好地完成乘务任务，必须在列车长统一领导下建立必要的工作制度，以保证旅客、行包的安全运输和旅客服务质量。主要的工作制度如下。

（1）出退勤制。

乘务员在本段出乘时，要按规定由列车长带队到派班室报到，听取派班员传达有关事项，列车长摘抄有关电报、命令、指示。到达折返站或由折返站出乘时，列车长必须向折返段派班室报告乘务工作，接受任务。

每次乘务终了，列车长应召开班组会议，向派班室汇报往返乘务工作情况，提出书面乘务报告。

（2）趟计划制。

列车长每次出乘前要编制趟计划，其主要内容有：

① 上次乘务工作中的优缺点及改进措施；

② 本次乘务中的重点工作安排；

③ 贯彻上级指示、命令、通知、规章的具体措施；

④ 针对接车发现的问题应采取的措施。

（3）验票制。

为保证旅客安全、正确地旅行，维护铁路运输秩序和正常收入，列车内应检验车票。检票由列车长负责，乘警、列车员协助。检票次数原则上是列车每运行 400 km 一次，不足 400 km 的列车每单程不得少于一次。无票人员较多的区段可以增加检票次数。

（4）统一作业制。

列车长应根据值乘列车的运行时刻、线路、客流、换班、餐营等情况编制统一作业过程。

此外，还应建立健全以岗位责任制为中心的各项管理制度，如安全生产、备品管理、库内看车、旅客意见处理、列车环境卫生等。

第二章　客车设备

第一节　概　述

一、我国铁路客车概况

铁路客车是铁路旅客运输中用以运送旅客的运载工具，铁路必须经常保持数量足够、质量良好的客车才能满足客流不断增长的需要。

1949年以前，我国没有铁路客车的制造工业，几乎所有的运用客车都从国外购买，数量少、类型杂、技术状态落后。新中国成立后，国家首先成立了独立的车辆部门，改变了过去只检不修或修修配配的局面，装备了一批完整的车辆检修基地，使运用客车开始经常处于良好的技术状态，发展了车辆制造工业。我国铁路客车的数量和质量由此发生了很大的变化。

1953年最早设计、制造了21型客车，其车体为全钢结构，具有完善的采暖、照明、通风、给水和卫生设备；生产的车型主要有21型的硬座车（见图2-1）、硬卧车、餐车、行李车和邮政车等。硬座车原设计为二、二人座，定员为88名。车内还设置一个敞开式洗面室，两个厕所，一个乘务员室。1955年改为二、三人座，定员增至108名。车窗改为钢窗，内墙板采用胶合板。1956 年又将敞开式通过台改为密闭式，加装了折棚门和翻板，并采用铝制烟灰缸和衣帽钩等。1957 年再次进行减轻自重的设计改进，将车体结构改为焊接，侧墙带压筋，车辆自重降至 39 t。后来，内墙板又贴有塑料布。21 型硬卧车为三层卧铺，定员 54 人，铺位较宽，旅客睡眠较为舒适，但中铺较低（下铺坐人直不起腰来），该型车车长 21.9745 m，构造速度 80～100 km/h。1961 年停止生产。

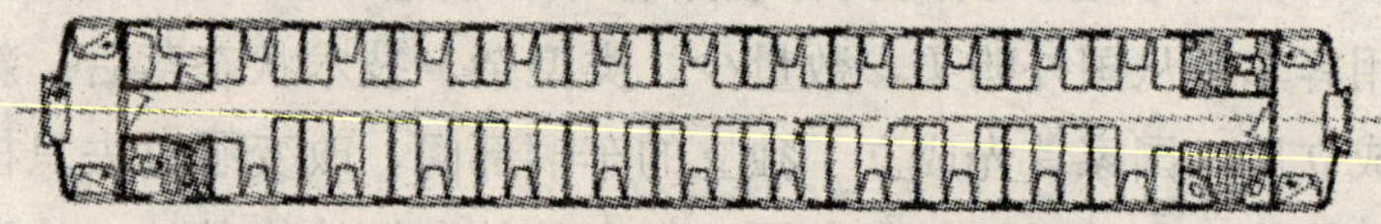

图 2-1　21 型硬座车外形和内部布置

1956 年开始制造 22 型客车，先后生产了 22 型的软卧车、硬卧车、硬座车（见图 2-2）、餐车、行李车和邮政车，还生产了少量其他车种，如软座车、高级包房软卧车、软硬卧合造车、市郊车、实验车和维修车等。22 型客车具有自重轻、车内宽敞、定员教多的特点。该车体长 23.6 m，构造速度 120 km/h。22 型客车生产了近 30 年，于 1994 年停止生产。

图 2-2　22 型硬座车外形

1979 年以来，我国设计制造了 25 型客车（见图 2-3），这种客车在结构上的特点有：① 车体钢结构系用无中梁薄壁筒型车体，车长 25.5 m；② 定员较多，其中硬座车定员 128 席，硬卧车 66 席，软卧车 36 席，比 21 和 22 型客车有所增加，每一定员所占车辆自重降低；③ 构造速度较高，且有较好的舒适性和安全性；④ 采用低磨耗低噪声的风挡及橡胶风挡，安装单元式铝合金车窗。采用了各种新技术，如空气调节、荧光灯照明、整体承载结构、新型转向架等。

图 2-3　25 型硬座车外形

25型客车除基本车型外还有双层客车（见图2-4）。25型空调双层客车于1989年起投入上海—南京间运营。硬座车定员186席，比25型硬座车多58席，软座车110席，比25型软座车多30席；车体长仍为25.5 m，宽3.105 m，高4.75 m，车底面距轨面高度为0.25 m；采用空气弹簧悬挂的转向架和盘形制动装置。双层客车客室分上、下两层，两端为单层（即中层），中层设置乘务员室和厕所及其他辅助室，上、下层与中层之间设有扶梯。此外，还研制了中长途双层卧车。

图2-4　25B型双层软座车外形

另外，还有25型准高速客车，这种客车运行在广深准高速铁路线上，设计时速为160 km，最高试验速度达183 km/h。准高速客车的车种有：一等软座车、二等软座车、二等软座行李合造车、餐车、双层软座车、双层包房软座车等。各车种车内设施齐全，装有单元式空调机组、自动电茶炉、整体玻璃钢洗脸室和厕所、电子信息显示装置、卡拉 OK 音响系统、有线及无线电话系统等。

25 型客车的技术参数见表 2-1。

表 2-1　25 型新型客车技术参数一览表

<table>
<tr><th colspan="2" rowspan="2">型号
规格</th><th colspan="2">25B 型</th><th>25G 型</th><th colspan="2">25K 型</th><th colspan="4">25Z 型</th></tr>
<tr><th>普通</th><th>双层</th><th>普通</th><th>普通</th><th>双层</th><th>特等</th><th>一等</th><th>二等</th><th>双层</th></tr>
<tr><td rowspan="5">定员</td><td>硬座</td><td>128/118</td><td>174</td><td>118/108</td><td>118</td><td>148</td><td></td><td></td><td></td><td></td></tr>
<tr><td>软座</td><td></td><td>108</td><td>72/88</td><td>72</td><td>108</td><td>42</td><td>68/76</td><td>88</td><td>108/92</td></tr>
<tr><td>硬卧</td><td>66/44</td><td>80</td><td>66</td><td>66</td><td></td><td></td><td></td><td></td><td></td></tr>
<tr><td>软卧</td><td>36</td><td>50</td><td>36</td><td>36</td><td></td><td></td><td></td><td></td><td></td></tr>
<tr><td>餐车</td><td>48</td><td>72</td><td>48</td><td>48</td><td>72</td><td></td><td>36</td><td>36</td><td>60</td></tr>
<tr><td colspan="2">车体长度（m）</td><td colspan="9">25.5</td></tr>
<tr><td colspan="2">车体宽度（m）</td><td colspan="9">3.105</td></tr>
<tr><td colspan="2">车体高度（m）</td><td>4.433</td><td>4.750</td><td>4.433</td><td>4.433</td><td>4.750</td><td colspan="3">4.433</td><td>4.750</td></tr>
<tr><td colspan="2">构造速度(km/h)</td><td colspan="3">140</td><td colspan="6">160</td></tr>
<tr><td colspan="2">通过最小
曲线半径（m）</td><td colspan="9">145</td></tr>
<tr><td colspan="2">首台制造年代</td><td colspan="3">1992</td><td colspan="2">1997</td><td colspan="4">1993</td></tr>
</table>

新中国成立以来，我国铁路客车的数量逐年大幅增长。目前，我国铁路干线上的旅客列车以 25 型客车为主，22 型客车仍

在继续使用，但不再继续生产。现代客车车体的材质已由普通钢发展为低合金钢、不锈钢以及铝合金。新的结构和材质不仅大大提高了车体的强度、刚度和耐腐蚀性，而且降低了车辆的自重，提高了车辆运行的安全性，节约了维修费用和牵引动力消耗，为提高列车运行速度创造了有利条件。从 20 世纪 90 年代初开始，铁路客车由 22 型向 25 型升级换代，从 25B、25G、25Z 到 25K 不断发展进步，技术水平日益提高。特别 25K 型快速客车，随着中国铁路的大提速而诞生、发展，将成为中国铁路主型客车。

在铁路发展进程中，从技术、经济两方面综合考虑，铁路客车的发展总趋势为高速化。高速客车在设计制造中需要解决以下技术问题：① 研制在高速运行条件下动力性能良好的转向架；② 优良的制动系统；③ 车体结构轻量化，并具有良好的空气动力性能；④ 控制噪声、提高气密性、强化防火措施和空气调节设施等。

二、客车的分类和标记

1. 客车的分类

铁路客车按用途可以分为三大类，即：

（1）直接运送旅客的车辆，包括各种座车和卧车，以及合造车；

（2）为运送旅客服务的车辆，如餐车、行李车、发电车；

（3）特种用途的客车车辆，如公务车、文教车、卫生车、实验车、维修车等。

此外，还有邮政部门所属的邮政车，专供运送邮件及邮政人员办公使用，一般编挂在长途旅客列车中。

2. 客车标记

为了表示客车的性能、特征、注意事项及运用管理方便起见，在客车的规定处所涂刷规定的标记，称为客车标记。

客车标记包括产权标记、制造标记、运用标记、检修标记、使用标记五种。

(1) 产权标记：路徽。凡铁道部所属客车，都要涂打路徽标记。

(2) 制造标记：制造厂名牌。用金属制造，其上有制造厂及制造年月。

(3) 运用标记：

① 车号：由基本型号、辅助型号和号码组成，涂打在客车车体两侧侧墙的两端，如 YZ25K46566。

基本型号表示客车的种类，用两个或多个汉语拼音字母表示，如“YZ”表示硬座车。“YW”表示硬卧车等。客车基本型号见表 2-2。

表 2-2 客车基本型号表

车 种	基本型号	车种	基本型号
软座车	RZ	行李车	XL
硬座车	YZ	邮政车	UZ
双层软座车	SRZ	餐车	CA
双层硬座车	SYZ	公务车	GW
软卧车	RW	试验车	SY
硬卧车	YW	维修车	EX

辅助型号表示虽属同一车种，但在构造及设备方面具有不同特点的客车，标在基本型号的右下角，如“YZ25K”中，右下

角的 25K 即为辅助型号。

号码表示客车的顺序，以区分同一车种、同一结构特征的不同客车，用阿拉伯数字表示，如“YZ25K46566”中的 46566 就是客车号码。

客车的车号编码也有一定的规律，具体范围见表 2-3。

表 2-3 客车车号编码表

序号	车种	起止号码	合计号码
1	合造车	100000～109999	10 000
2	行李车	200000～299999	100 000
3	邮政车	7000～9999	3 000
4	软座车	110000～199999	90 000
5	硬座车	300000～499999	200 000
6	软卧车	500000～599999	100 000
7	硬卧车	600000～799999	200 000
8	餐车	800000～899999	100 000
9	其他车	900000～999999	100 000

② 自重：客车空车时自身的质量/t。

③ 容积：行李车和邮政车上涂打，表示可供装载货物的最大容积/m^3。

④ 全长：客车两端车钩处于闭锁位时，两钩舌内侧面之间的距离/m。

⑤ 换长：即全长除以 11 m，保留一位小数，尾数四舍五入。

⑥ 配属：表示客车由有关铁路局所属车辆段负责保养和维修，如“广局广段”表示该车配属广州铁路集团公司广州车

辆段。

⑦ 定员：根据客车的座位或卧铺数标明可容纳的额定人数。

⑧ 用途：表示客车的用途，如“硬座车”、“硬卧车”等用途标记。

⑨ 最高运行速度：表示客车的构造速度，如“160 km/h”、“120 km/h”。

（4）检修标记：客车在检修以后，为了掌握检修周期、明确检修责任，在客车外部规定处所涂打检修标记。

客车实行定期检修，并逐步扩大实施状态修、换件修和主要零部件的专业化集中修。车辆修程，客车和特种用途车按走行公里进行检修，最高运行速度不超过 120km/h 的客车，其定期检修分为厂修、段修、辅修。

① 厂、段修标记：最高运行速度不超过 120 km/h 的客车分为厂修、段修。将车辆送到车辆工厂进行定期检修称为厂修、送到车辆段进行的定期检修称为段修。如：

04.5	02.11	广广
07.5	01.5	武厂

横线上方为段修标记，（一般时间间隔为一年半到两年半）表示该车于 2002 年 11 月在广州铁路集团公司广州车辆段进行了段修，下次段修的时间是在 2004 年 5 月；横线下方为厂修标记（一般时间间隔 6 年或 6 年以上），表示该车于 2001 年 5 月在武昌车辆厂进行了厂修，下次厂修的时间是 2007 年 5 月。

最高运行速度超过 120 km/h 的客车，修程为 A1、A2、A3、A4，检修周期及技术标准，按铁道部车辆检修规程执行，如图 2－5 所示。

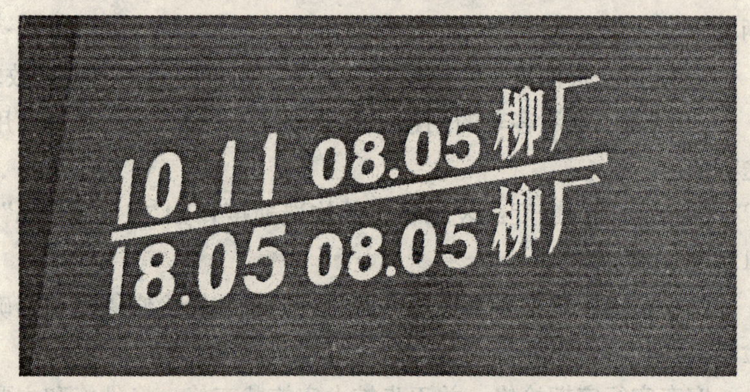

图 2-5　客车检修标记示意

② 辅修标记：以制动装置和轴箱油润装置为重点，对其他部分做辅助性修理的检修，称为辅修，时间间隔为半年左右。如：

7-11	1-11 广

右上格的数字、文字是已经辅修的月、日及检修单位简称，左上格的数字为下次辅修的日期；下面两空格是留给下次辅修后填写的。

(5) 使用标记：为便于乘务人员工作和旅客使用而安装在门上的铝制牌，表明用途，如“茶炉室”、“厕所”、“乘务室”等。

三、客车的主要组成及作用

1. 转向架

转向架是客车的走行部分，它承受车体的自重和载重，引导车辆沿轨道运行，并顺利地通过曲线，缓和或消减来自线路的冲击和振动，提高车辆运行的平稳性。因此，客车转向架必须具有足够的强度、良好的运行平稳性和较高的运行速度，以保证将旅客安全、迅速、平稳、舒适地运送到目的地。

一般客车采用二系弹簧转向架，还设有专门的横向弹性装置。目前，我国客车使用的转向架类型较多，主要有 209T、206、202 等几种类型转向架，如图 2-6 所示。双层客车使用具有空气弹簧、盘形制动装置的 209PK 型转向架（T 表示踏面制动、P 表示盘形制动、K 表示空气弹簧），准高速客车使用 209HS、206KP 及 CW-2 型、SW-160 型以及 PW-200 型、CW-200 型、SW-200 型、25K 型等准高速转向架，这些转向架速度高、平稳性好，能满足 160 km/h 制动初速下 1 400 m 制动距离内紧急停车的要求。

图 2-6 客车 202 型转向架

2. 车体和车底架

车体是容纳旅客和装载行包的部分，又是安装与连接车辆其他组成部分的基础。客车车体为全金属焊接结构，侧墙板、车顶板和端墙板，形成一个上部带圆弧下部为矩形的封闭壳体，俗称薄壁筒形结构车体。壳体内面除用纵向杆件和横向梁、柱予以加强外，还采用墙板压筋方式来代替部分杆件，以增强结构的强度和刚度，形成整体承载的合理结构。客车车体必须具有良好的隔热性能。为使旅客上下车方便，客车两端设有通过台，并在通过台的外端设置橡胶折叠风挡和渡板，防止风雨及寒气侵入。

车底架就是由各种纵向和横向钢梁组成的长方形构架。它支承车体、承受上部车体及装载物的全部重量，是车体的基础。并通过上、下心盘将重量传给走行部。在列车运行时，它还承受机车牵引力和列车运行中所引起的各种冲击力及其他外力。所以，它必须具有足够的强度和刚度，才能坚固耐用。

3. 制动装置

列车制动就是人为地制止列车的运动，包括使它减速，不加速或停止运行。目前，铁路机车车辆采用的制动方式最普遍的是闸瓦制动，用铸铁或其他材料制成的瓦状制动块，在制动时抱紧车轮踏面，通过摩擦使车轮停止转动。高速列车采用一种新型的制动装置——盘形制动，它是在车轴上或在车轮辐板侧面安装制动盘，用制动夹钳使以合成材料制成的两个闸片紧压制动盘侧面，通过摩擦产生制动力，使列车停止前进。由于作用力不在车轮踏面上，盘形制动可以大大减轻车轮踏面的热负荷和机械磨耗。另外制动平稳，几乎没有噪声。盘形制动的摩擦面积大，而且可以根据需要安装若干套，制动效果明显高于铸铁闸瓦。

4. 车钩缓冲装置

车钩缓冲装置是用于使车辆与车辆，机车或动车相互连挂，传递牵引力，制动力并缓和纵向冲击力的车辆部件。它由车钩，缓冲器、钩尾框，从板等组成一个整体，安装于车底架构端的牵引梁内。为了保证车辆连挂安全可靠和车钩缓冲装置安装的互换性，我国铁路机车车辆有关规程规定：车钩缓冲器装车后，其车钩钩舌的水平中心线距钢轨面在空车状态下的高度，客车为 880 mm（允许＋10 mm、－5 mm 误差）。两相邻车辆的车钩水平中心线最大高度差不得大于 75 mm。

目前，普通客车较多使用 15 号自动车钩，高速客车采用密接式车钩，它的体积小、重量轻、两车钩连挂后各方向的相对移动量很小，可实现真正的“密接”；同时，对提高制动软管、电气接头自动对接的可靠性极为有利。

5. 车内服务设备

客车内除设置门窗、坐椅及卧铺外，还装设卫生设备、通风装置、给水设备、车电设备、取暖设备、播音装置及空气调节装置等。这些装置为旅客提供了舒适和方便。如图 2－7 所示。

图 2－7　硬座车内部设施示意

第二节　客车内部服务设施

为了满足旅客旅行途中生活的需要，为旅客提供舒适的旅行条件，客车内部设有专门的服务设施，包括给水装置、车电装置、通风装置、空气调节装置和取暖装置等。

一、客车给水装置

列车运行时，需要为旅客和乘务人员提供饮水、盥洗服务，温水锅炉取暖装置也需要补水，故每辆客车上都安装了存放水的设备，称为客车给水装置。

1. 给水装置的种类和构造

根据水箱在客车上安装的位置不同，客车给水装置分为车顶水箱和车底水箱两种，目前绝大多数客车采用车顶水箱给水装置。这种装置是将水箱设在车顶顶棚内，依靠水的自重向各供水处供水。因此，它的结构简单、故障少、使用方便，由于其配管非常靠近采暖系统的管路，冬季不必安装防寒设备。但水箱之间的管路较细，上水速度慢，水箱又在车顶，容积受到限制，且提高了车辆的重心，降低了车辆运行的平稳性。

车顶水箱给水装置种类较多，但结构及作用基本相似，只是水箱的形状、容量大小、安装位置及配管有所不同。现以 YZ_{22} 型客车为例，说明车顶水箱给水装置的组成及作用。

YZ_{22} 型客车在锅炉端车顶棚内设一个方形冷水箱，可容水 400 L；在非锅炉端的车顶棚内设两个方形冷水箱，其上部和下部分别用连通管连接，可容水 550 L。车顶两端的冷水箱用一根连通管连接，使它们能同时注水、同时供水。

在两端的冷水箱附近各设一个温水箱，锅炉端温水箱的容量为 70 L、非锅炉端温水箱的容量为 60 L，都用管路与冷水箱连通，并装有止回阀控制温水逆流。温水箱内设蛇形散热管，当温水取暖系统的温水流入散热管时，可以渐渐加热箱内冷水。温水经管路送到洗脸室，旅客只要打开温水出水阀就能用到热水。

在非锅炉端的两个冷水箱上部设有空气包，注水管、溢水管（兼排气管）引向空气包上部。为了与取暖锅炉注水管区分，一般都将车顶冷水箱注水管设在非锅炉端，并通向车下两侧的注水口，从任意一侧的注水口均可向冷水箱注水。溢水管在注水时能排除水箱内的空气，注满水时，多余的水从此管溢出车外。

在水箱连接管上设有一根通向取暖系统锅炉室辅助水箱（也称补水箱）的支管，支管上设有止阀，运用中此阀常处于关闭位置，当取暖系统需要补水时才开启此阀。此外，从水箱底部或水箱连接管上，连接了通向各用水处的支管，在这些支管上分别安装有止阀及出水阀、冲便阀等。这些止阀供检修各管路或出水阀时使用，也可使局部管路停止供水。运用中这些阀处于开启位置。

2. 给水装置的运用

(1) 注水。

注水前，先关闭排水管上的止阀、锅炉室内的止阀、各处放水阀和补水箱下的排水阀，按照作业程序还需要关闭水压表止阀，以防止注水时压力过大可能冲坏水压表内的膜片盒，其余各阀可在开启位置。注水前还要确认对侧的注水口是否畅通，注水时，将地面自来水胶管插在一侧的注水口上，打开地面的阀门，则水由注水口→注水管→非锅炉端冷水箱和温水箱→锅炉端冷水箱和温水箱，注水一段时间后，待另一侧的注水管或溢水管开始排水，表示水箱已满，应立即停止注水。

注水完毕，将水压表止阀打开，这时可从表上观察到水已注满的显示。在给非运用客车初次注水时，还应检查管路是否漏水，各出水阀作用是否良好等。

注水口位置如图 2-8 所示。

图 2-8　客车注水口位置示意

(2) 排水。

排水作业尤其是在北方的冬季尤为重要。客车入段甩车和在途中临时甩车，在无人管理的情况下必须进行彻底排水，防止冻结。排水作业的操作顺序是：打开各水箱的排水阀、锅炉室止阀和补水箱排水阀，水箱和采暖系统同时排水；待水箱及各管路的水排尽后，再开启各给水阀、冲便阀及下作用给水阀，以尽量排除水管内的残余水，防止局部存水冻裂水管。

排水作业最好选在该车运动状态下进行，这样可以借助车辆运行的振动和摇晃，保证局部残余水彻底排尽。

(3) 给水装置各阀、手轮色别标记。

为了正确表示给水、采暖装置各阀的用途，在客车所有止阀手轮上涂上不同的颜色，意义如下：红色——供给暖气；红蓝色——排出暖气；红黄色——向温水箱供给暖气；黄色——供给温水；黄蓝色——排出温水；白色——供给冷水；白蓝色——排出冷水。

二、客车取暖装置

客车取暖装置是冬季客车运行中为旅客创造车厢内适宜的温度，以满足旅客冬季旅行的需要而设置的。目前主要采用燃煤锅炉独立温水取暖装置，在新型客车上采用电热取暖装置。

1. 燃煤锅炉独立温水取暖装置

(1) 燃煤锅炉独立温水取暖装置的原理。

这种装置是利用安装在每一辆客车内的烧煤温水锅炉，将水加热后送入车内散热管，通过温水在锅炉与散热管之间不断地流动循环，达到提高车内温度的目的。由于这种取暖装置的各部件都设在一辆客车内，温水仅在一辆车的循环系统内循环，与机车及其他客车无任何联系，故称独立温水取暖装置，如图 2 - 9 所示。

图 2-9 采暖燃煤锅炉示意

独立温水取暖装置的温水管路由锅炉、膨胀水箱、上部出水管、下部散热管、强迫循环系统和温水箱加热循环管等几部分组成。在未加热前，锅炉、循环系统和散热管内水的密度都相同，系统处于平衡状态，这时管路内的水不会流动。当锅炉端及循环系统点火加热后，水温升高，体积增大而密度变小，而散热管内的水温较低，管路内的水就不会再保持平衡，于是锅炉内的温水进入膨胀水箱，经过上部出水管、立管流入下部散热管散热，与车内空气热交换后，散热管内的水温下降，又流入锅炉重新加热，只要热源不中断，温水自然循环作用就会不断地进行下去。

（2）燃煤锅炉独立温水取暖装置的使用常识。

正确使用温水取暖装置，对保证安全、保持车内温度、节约燃料以及延长装置的使用寿命非常重要。

锅炉尚未点火以前，应先确认各阀处于自然循环状态下的正常位置，再由注水口向锅炉及循环系统内注水，当锅炉溢水管开始溢水即可停止注水。

锅炉点火后，便投入正常运用状态，要经常观察锅炉是否缺水，以免空气进入循环系统影响温水循环。打开锅炉验水阀，有水持续流出 3～5 s 以上，证明锅炉不缺水。当判定锅炉缺水时，可用手动水泵或电动水泵补水。当自然循环满足不了车内温度要求时，也可使用手动水泵或电动水泵加速温水循环，提高散热管散热能力。

当锅炉熄火停止取暖时，必须打开系统中所有的排水阀、塞门等，排除整个系统内的水，以防冻结。

燃煤锅炉独立温水取暖装置在运用中，若发现锅炉水温急剧上升而车内温度反而下降，说明管路循环系统发生故障，及时通知检车乘务员处理。

燃煤锅炉旁，一般贴有使用说明及注意事项，如图 2－10 所示。

2．电热取暖装置

电热取暖是一种新型的、比较先进的取暖方式。这种方式是基于电流热效应原理，利用电热器通电后，将电能转变为热能使车内空气温度升高的，因此这种取暖方式热效率高、工作可靠、容易控制和调节发热量，同时使用的取暖装置结构简单，并能按需要分散布置。但这种取暖方式耗电量大，因此电热取暖装置通

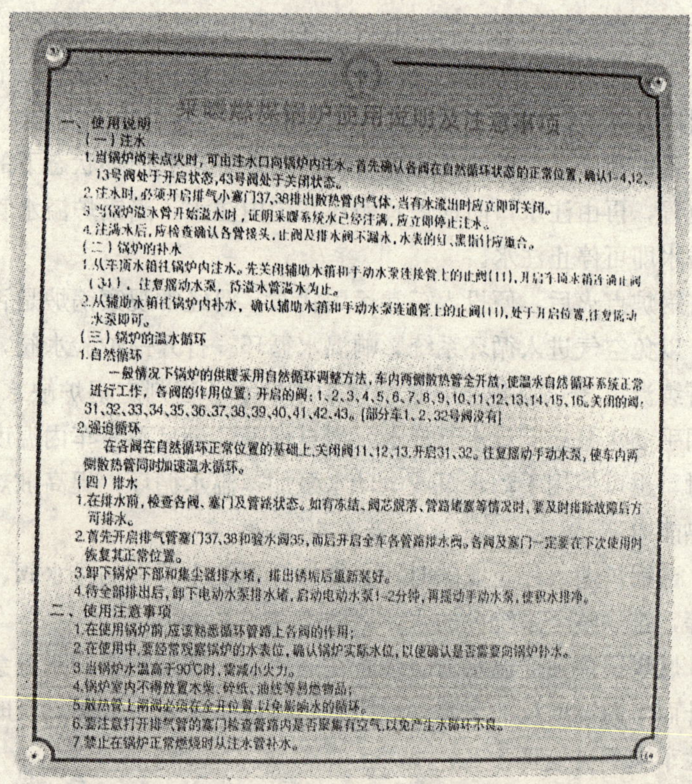

采暖燃煤锅炉使用说明及注意事项

一、使用说明

（一）注水

1.当锅炉尚未点火时，可由注水口向锅炉内注水。首先确认各阀在自然循环状态的正常位置，确认1-4,12、13号阀处于开启状态,43号阀处于关闭状态。

2.注水时，必须开启排气小塞门37,38排出散热管内气体，当有水流出时应立即可关闭。

3.当锅炉溢水管开始溢水时，证明采暖系统水已经注满，应立即停止注水。

4.注满水后，应检查确认各管接头，止阀及排水阀不漏水，水表的红、黑指针应重合。

（二）锅炉的补水

1.从车顶水箱往锅炉内注水。先关闭辅助水箱和手动水泵连接管上的止阀(11)，开启车顶水箱连通止阀（34），往复摇动水泵，待溢水管溢水为止。

2.从辅助水箱往锅炉内补水，确认辅助水箱和手动水泵连通管上的止阀(11)，处于开启位置，往复摇动水泵即可。

（三）锅炉的温水循环

1.自然循环

一般情况下锅炉的供暖采用自然循环调整方法，车内两侧散热管全开放，使温水自然循环系统正常进行工作，各阀的作用位置：开启的阀：1、2、3、4、5、6、7、8、9、10、11、12、13、14、15、16。关闭的阀：31、32、33、34、35、36、37、38、39、40、41、42、43。[部分车1、2、32号阀没有]

2.强迫循环

在各阀在自然循环正常位置的基础上,关闭阀11、12、13,开启31、32。往复摇动手动水泵，使车内两侧散热管同时加速温水循环。

（四）排水

1.在排水前，检查各阀、塞门及管路状态。如有冻结、阀芯脱落、管路堵塞等情况时，要及时排除故障后方可排水。

2.首先开启排气管塞门37、38和验水阀35，而后开启全车各管路排水阀。各阀及塞门一定要在下次使用时恢复其正常位置。

3.卸下锅炉下部和集尘器排水堵，排出锈垢后重新装好。

4.待全部排出后，卸下电动水泵排水堵，启动电动水泵1-2分钟，再摇动手动水泵，使积水排净。

二、使用注意事项

1.在使用锅炉前,应该熟悉循环管路上各阀的作用;

2.在使用中,要经常观察锅炉的水表位，确认锅炉实际水位，以便确认是否需要向锅炉补水。

3.当锅炉水温高于90℃时，需减小火力。

4.锅炉室内不得放置木柴、碎纸、油丝等易燃物品;

5.散热管上两阀必须在全开位置,以免影响水的循环。

6.要注意打开排气管的塞门检查管路内是否聚集有空气,以免产生水循环不良。

7.禁止在锅炉正常燃烧时从注水管补水。

图 2-10 采暖燃煤锅炉使用说明示意

常用于电气化铁道接触网供电的列车和由发电车集中供电的整列全空调列车上。

在严寒地区，单靠热风取暖满足不了要求，还必须采用其他地面式的取暖设备，对客室内热损失进行补偿。在由发电车集中供电的新型空调客车上，采用电加热器进行热损失补偿。电加热器分散安装在客室、走廊、洗脸间、厕所等内侧墙下端，为了使用安全，在电加热器上设有安全外罩。操纵交流配电箱的相应开关、按钮，使电流通过电加热器，便将车内空气加热，使车内保持一定的温度。

在使用电加热器取暖时必须注意：电加热器不能淋水，特别是洗脸间、厕所内的电加热器更应注意防水；不得将物品堆放在电加热器的外罩上；不能把纸屑、棉丝等易燃物品塞入外罩内，以免引起火灾；更不能用力踩踏外罩，以免引起漏电或其他事故。

三、客车电气装置

铁路客车的电气装置简称为车电装置，是为旅客旅行生活提供必要的照明、空调和其他用电需要而设置的一套电气设备。

车电装置由供电设备（包括电源和控制设备）、用电器、电气附件及车体配线等组成。

1. 供电设备

目前，客车所采用的供电方式有车轴发电机供电和集中式供电两种。

（1）车轴式供电。

车轴发电机就是客车的底架或转向架上吊挂的发电机。发电机通过皮带与安装在车轴上的皮带轮连接，当列车运行时，车轮滚动，由皮带带动发电机转动而发电，供应车上各种电气负载使用，并向蓄电池充电。当列车停靠时，车轮不动了，发电机就不再发电，此时利用蓄电池进行供电。铁路上把安装有发电机和蓄电池的车厢称为“母车”，没有安装的车厢称为“子车”，母车与子车的比例一般为 1∶1。这种靠车轮转动，通过皮带带动发电机发电的供电方式，称为车轴发电机式供电。国内铁路列车广泛采用这种供电方式。这种供电方式的发电装置，运用数量最多的是J型三相交流感应子发电机，其发电量只有5 kW，显然不适于用电量大几百倍的新型空调客车。

车轴发电机如图2-11所示。

图2-11 车轴发电机示意

采用车轴式供电的列车在停留时，除检修实验外，不得长时间开灯，更不要开全灯，不得通宵使用电扇和广播设备（以防蓄电池过度放电而损坏）。

（2）集中式供电。

新型空调客车采取的供电方式是集中式供电，就是在列车中的某一节车厢内设置发电站或在列车上设立变电站，向整个列车供电。供电方式主要有两种：

① 是在专门的发电车或行李发电车内，安装柴油发电机组，构成列车发电站。列车发电站的工作由专门的配电盘控制。发电

站发出的电，通过贯穿全列车的输电干线和专门的车端联结器，送到列车各节车厢。

② 是在电气化铁道的列车牵引区段，电力机车升起受电弓，将接触网供给的 25 kV、50 Hz 的单相交流电引入列车变电站。然后，经过列车变电站中的变压器、整流器、变流机等电器设备变换后，给整个列车供电。这种供电系统，配线经济、不用蓄电池、车辆构造成本较低、发电量不受列车速度的影响。但是，它也有缺点：一旦发电站、变电站出现故障或发电车从列车上摘挂下来，就会影响列车供电。为了弥补这种缺陷，列车可以同时装备轴驱式供电装置作为备用，以保证列车用电。

2. 用电器、电气附件及车体配线

(1) 用电器。

一般客车上的用电器有白炽灯、荧光灯、电风扇、电冰箱、电茶炉、燃油锅炉附属的各种电气设备，还有列车播音、闭路电视、列车有线电话等。近几年研制的新型快速列车、准高速列车增加了空调装置、车门集中遥控、粪便集存密封处理、燃油及电热两用取暖装置等电气设备，最大用电量高达 400 kW。

车内电灯分为两组：一组为终夜灯，包括座车半数顶灯、硬卧车走廊灯（地灯）、软卧车床头灯及厕所、通过台顶灯等；一组为半夜灯，包括座车半数顶灯及卧车全部顶灯。夜间行车时终夜灯不熄，后半夜旅客休息时可关闭半夜灯。

(2) 电气附件。

在有空调装置的客车上，除以上用电器之外，还有制冷压缩机、冷凝器排风扇和空调通风机的电动机、取暖加热用的各种管式电热元件和电磁控制元件等电气附件。

各路负载的用电全部经过装在乘务室内的配电盘上的闸刀，由乘务员统一控制，一把闸刀控制一种负载，其中摇头电扇、软卧车床头灯还设有分开关供旅客自己掌握。配电盘上还设有主回路开关和连接器开关，以控制本车厢与列车供电网路的连接与断开。

(3) 车体配线。

车电装置各部分的连接线叫车体配线，分为车内上部配线和车底架下部配线两个部分。其作用是把电源设备、控制设备及用电器连成一个完整的供电网路，上部配线中还配置了一对列车播音线。

每辆客车的两端分别设有电力连接线、播音连接线、插销（连接器）及插座，当列车编组后能将全列车的电力网路连成一体，同时也便于车辆的连挂。

四、客车通风装置

为使客车车厢内有足够的新鲜空气，客车都装有通风装置。

通风装置有自然通风装置和机械强迫通风装置两种。普通客车一般采用自然通风装置，它具有结构简单、制造、维修方便等优点。新型空调客车则采用机械强迫通风装置，这是一种比较完善的通风设备。

1. 自然通风装置

自然通风装置是指圆柱形立式通风器（又称切式通风器），安装在车体顶部侧板上，它由变向器、调节器和连接筒等组成。变向器呈圆柱形，能接受任何方向的风力，调节器又包括调节器体、调节板和调节手柄，通过转动调节手柄可以得到全开、半开、关闭三个位置，以调节通风断面大小，控制通风量。

列车运行时，车体将受到空气阻力的作用，车体与气流接触的各个面承受着不同的压力。一般情况下，变向器的迎风面承受着比大气压力高的压力，称为正压；背风面则承受着比大气压力低的压力，称为负压。背风面又通过连接筒、调节器与车内相通，车内空气一般为大气压力，因此在压力差的作用下，车内空气沿变向器背风面负压流向车外。随着车内空气的抽出，新鲜空气从门窗缝隙进入车内，达到通风换气的目的。列车停站时，只要外界有风吹过通风器，都将起到通风作用。

自然通风器的通风量取决于它的结构和空气流动的速度。空气流动速度与列车速度、风力有关。因此通风量变动范围大，不能保证车内均匀通风。尤其是在停车时间短、外界风力不够的情况下，自然通风很难满足旅客的需要。

2. 机械强迫通风装置

机械强迫通风装置由通风机组、空气通道、送风口、进风口和滤尘器等组成。这种装置利用通风机造成的空气压力差，借助空气管道输送而达到通风换气的目的。

车厢需要通风时，电动机带动通风机转动，把车外空气经进风口及滤尘器吸入，经过通风机将过滤后的空气强迫送入风道，再经送风口把送进来的空气分配至车内各处。为了配合通风机进行排风，车顶也装设数只圆柱形通风器。如果在风道前加装空气预热器和空气冷却器就构成比较完善的空气调节装置。

五、客车空气调节装置

《铁路旅客运输服务质量标准》（第二部分　列车）中关于客

车空气状态的要求是：有空调设备的室温夏季24℃～28℃，冬季18℃～20℃。人体感觉舒适的空气湿度是30%～70%。这样的列车环境只有客车空气调节装置才能实现。

空气调节，就是把经过处理之后的空气，以一定方式送入室内，使室内空气的温度、相对湿度、气流速度和清洁度等控制在适当范围内。一般来讲客车空调装置由通风系统、空气冷却系统、空气加热系统、空气加湿系统和自动控制系统组成。我们以YZ_{25}型车为例阐述上述各部分。

(1) 通风系统。

通风系统由离心式通风机、滤尘装置、送风道、回风道等组成，它起着空气的滤清、输送及分配等作用。离心式风机将车外新鲜空气由新风口吸入，并与由回风道来的再循环空气混合，经滤尘网滤清灰尘和杂质后，送入蒸发器和预热器，然后再送入送风道，经由各送风口均匀送入车内，其中一部分进入回风道作再循环空气用。一部分经排风扇排出车外，以保持客车内空气的洁净度和空气的流动速度。

(2) 空气冷却系统。

空气冷却系统由压缩机、冷凝器、节流装置、蒸发器、通风机等许多部件组成。一般采用蒸汽压缩式制冷设备的蒸发器作为空气冷却器，夏季制冷设备工作时，由通风机吸入的空气经冷却器冷却后送入客室，以保证夏季客室的温度达到规定的控制指标。

(3) 采暖系统。

空调客车的采暖方式主要采用电热式采暖，由空气预热器和电加热器两部分组成，前者安装在空调机组里，主要是对进入车内的新鲜空气进行预热；后者分别安装在客车侧墙的下端，对客室内热损失进行补偿，在空气预热器顶部装有过热温度保护器和熔断器，两个安全保护装置。一旦通风机停止工作或风量太小，通风温度升至（70±5)℃时，过热保护器断开，切断加热电路。如果保护器失效，送风温度继续升高到（139±5)℃时，熔断器熔断，彻底切断加热器电路，起到安全保护、防止火灾事故的目的。

（4）自动控制系统。

自动控制系统能根据车内外温度的变化，自动控制空调机组的工作，以保持车内空气具有一定的温度、相对湿度及流速。系统由自动调整和控制空气参数的各种仪表及设备组成，如图 2-12 所示。

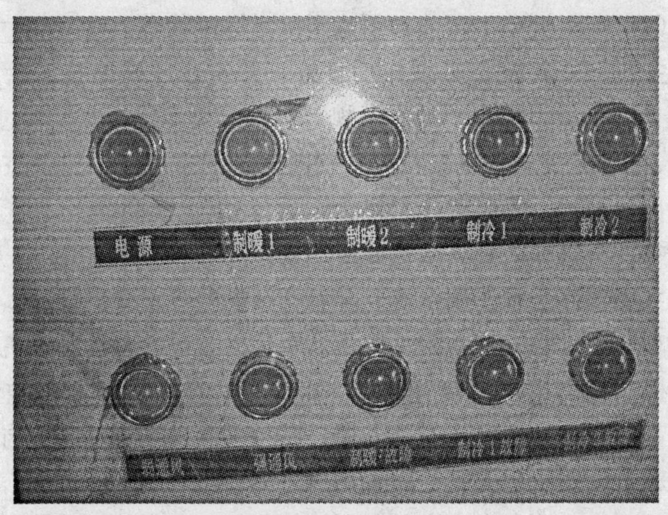

图 2-12　客车空调控制面板示意

第三节 客车安全设施

一、客运列车制动设施

列车制动泛指运行中的列车，经操纵或启动制动装置后，致使列车停止运行的一种状态。客运列车的制动系统，一般分为正常制动和非正常制动。正常制动是司机使列车正常减速或停车的列车制动。非正常制动包括司机操作的紧急制动、自动停车装置启动后的紧急停车、有关乘务人员使用紧急制动阀或手制动机迫使列车停车等多种状态的列车制动。

1. 客运列车正常制动相关要求

(1) 牵引机车出库前必须达到机车运用状态。

主要部件和设备必须作用良好，并符合《铁路技术管理规程》、《机车运用规程》的有关规定。牵引最高运行速度超过 120 km/h 的客运列车的机车，应分别向车辆的空气制动机、空气弹簧、自动塞拉门等装置提供风源。

(2) 车辆编入列车应达到运用状态。

主要部件必须作用良好，并符合《铁路技术管理规程》、《铁路客车运用维修规程》有关要求。车辆必须装有自动制动机、手制动机。最高运行速度超过 120 km/h 的客车应装有电空制动机、盘形制动装置和电子防滑器，其空气制动系统用风应与空气弹簧、自动塞拉门等其他装置用风分离。

(3) 客运列车在客车整备所检修作业、出库前以及始发站出发前，应按规定进行列车自动制动机试验。

在列车运行中，遇列车在区间内停车防护、列车分部运行或紧急制动停车后再启动前，司机都要进行制动机试验。

（4）客运列车的运行限速和紧急制动距离。

① 根据不同的运输设备、运行条件及运行方式，列车运行限制速度的有关规定见表 2-4。

表 2-4　列车运行限速表

项　　目	速　度（km/h）
四显示自动闭塞区段通过显示绿黄色灯光的信号机	在前方第三架信号机前能停车的速度
通过显示黄色灯光的信号机及位于定位的预告信号机	在次一架信号机前能停车的速度
通过显示一个黄色闪光灯光和一个黄色灯光的信号机	80
通过减速地点标	标明的速度，未标明时为 25
推进	30
退行	15
接入站内尽头线，自进入该线起	30

② 为了提高客运列车的运行安全和列车制动距离的客观需求，《铁路技术管理规程》规定列车在任何线路坡道上的紧急制动距离限值为：列车运行速度不超过 120 km/h 的列车为 800 m；列车运行速度在 120 km/h 以上至 140 km/h 的旅客列车为 1100 m；列车运行速度在 140 km/h 以上至 160 km/h 的旅客列车为 1 400 m；列车运行速度在 160 km/h 以上至 200 km/h 的旅客列车为 2 000 m。

2. 客运列车非正常制动

列车运行需要采取非正常制动措施，往往是遇到了突发性、临时性且对列车运行产生了一定影响，有时甚至还具有严重的危险性。如发生自然灾害、行车设备故障、列车火灾、有人或物体进入股道以及列车违章行驶等。旅客列车非正常制动中，司机操作的紧急制动、自动停车装置启动后的紧急停车在这里不再赘述，下面主要介绍列车乘务人员使用紧急制动阀或手制动机迫使列车停车的制动。

（1）列车乘务员使用紧急制动阀。

为确保旅客列车运行安全，每辆客车内均设置了紧急制动阀和风压表（见图 2-13），并保持作用良好。车辆部门定期进行检查、校对、施封。

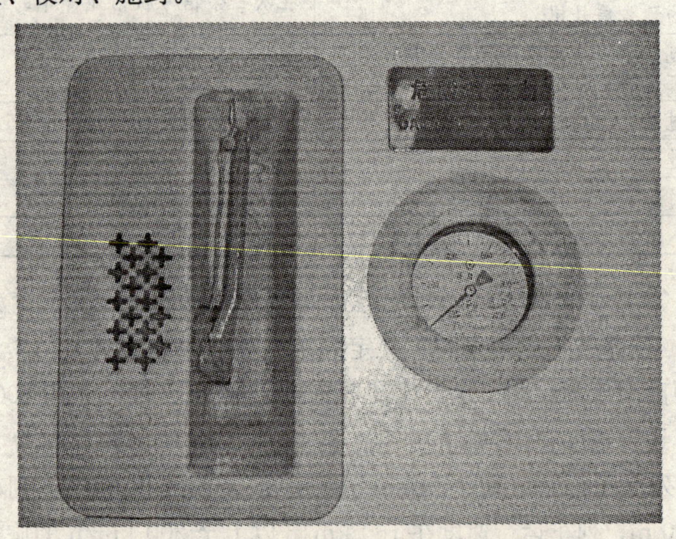

图 2-13 客车紧急制动阀及风压表示意

紧急制动阀的安装位置，要求手把距地板高度为（1 800±50）mm。铅封线为红棉线，排风口与墙板平行，且安装铁纱网罩。紧急制动阀及风压表须安装防护、防盗装置，在其附近的墙上涂印或钉固“危险勿动”标记或标记牌。

遇有下列危及行车安全或人身安全的紧急情形时，列车乘务员应使用紧急制动阀停车：

① 车辆燃轴或重要部件损坏；

② 列车发生火灾；

③ 有人从列车上坠落或线路上有人死伤（特快旅客列车不危及本列车运行安全时除外）；

④ 能判明司机不顾停车信号，列车继续运行；

⑤ 列车无任何信号指示，进入不应进入的地段或车站；

⑥ 其他危及行车和人身安全必须紧急停车时。

使用紧急制动阀时，不必先行破封，立即将阀的手把向全开位置拉动，直至全开为止，不得中途停顿和关闭。如果是弹簧手把，在列车完全停车以前，不得松手。在长大下坡道上，必须先看压力表，如压力表指针已由定压下降 100 kPa 时，不得再行使用紧急制动阀（遇折角塞门关闭除外）。

为使列车停车后便于抢险、救援，在不严重危及列车运行安全的前提下，应尽量避开在长大隧道、大型桥梁上停车。

(2) 列车乘务员使用手制动机。

客车手制动机的操作手柄，一般设置在车厢一端，并涂成醒目红色（见图 2－14），在其上方墙板上涂印或钉固“危险勿动”标记或警示牌。

当列车运行途中遇自动制动机故障时，司机应通知运转车长（无运转车长的列车为列车长），运转车长（或列车长）根据机车鸣笛三短声的信号要求，立即组织列车乘务员拧紧（顺时针旋转）全列车的手制动机，保证列车就地制动。如果机车鸣笛两短声，则要求列车乘务员缓解（逆时针旋转）手制动机。

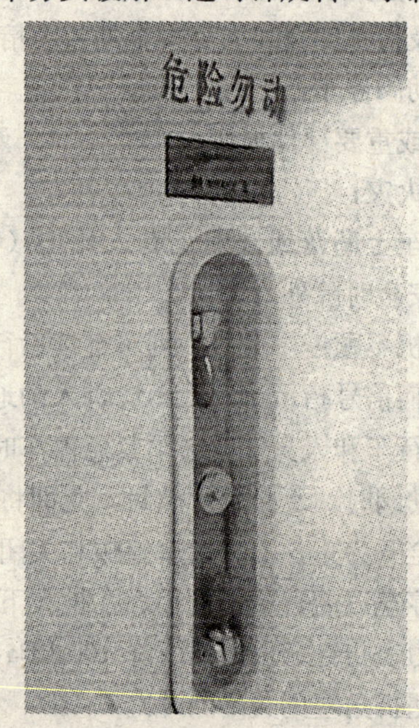

图 2－14 客车手制动机示意

二、客运列车报警设施

为了保证客运列车运行安全，当列车出现事故隐患或发生危急情况时，列车上装置的警报设施或列车乘务人员利用汽笛、口笛、广播等立即向列车发出警报信号，以便列车工作人员迅速组织，及时妥善处理，防止事故发生或最大限度地降低事故损失。

1. 轴温报警器

轴温报警器，是一种以感温探头装置持续监测车辆轮轴外表温度，当其达到规定限度时，传输轮轴高温信息并同时发出音响警报，以提示作业人员防止热切事故的重要设施。

《铁路技术管理规程》规定：编入特快旅客列车、快速旅客列车的客车，必须100%地装配轴温报警器，要求保持状态良好，达到100%的开机率，普通旅客快车的客车也应装有轴温报警装置。

轴温报警装置，一般有单个式和集中式两种。目前现场使用的大多数是集中式报警器（见图2-15）。

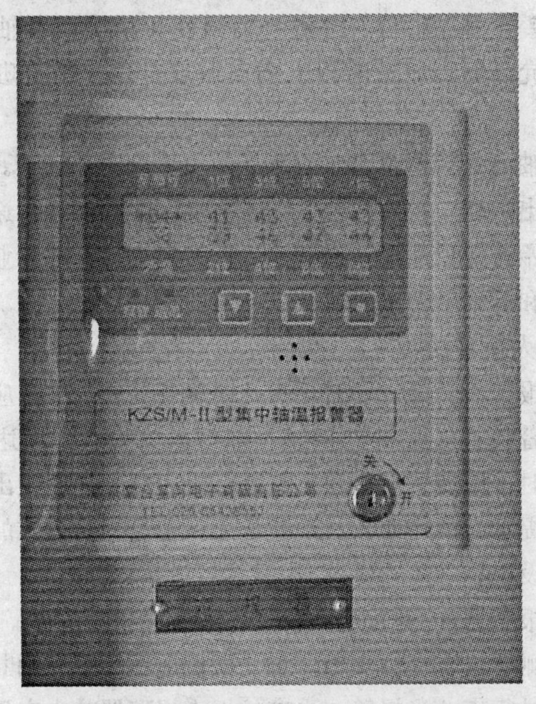

图2-15　集中式轴温报警器示意

客车轴温报警器的报警温度是外温加 40℃。列车运行途中，车辆乘务员、列车员应注意监视，一旦发生轴温报警器报警时，列车员要立即通知车辆乘务员或列车长。此时，有关工作人员必须跟踪观察、监控运行、正确判断、妥善处理。特快及快速旅客列车的轴温持续上升达到外温加 60℃或轴温达到 90℃时，应采取果断措施。必要时，立即通过运转车长通知司机停车或减速运行至前方停车站停车检查确认。危及行车安全时，必须摘车处理。同时，运转车长及车辆乘务员应详细记录报警的时间、运行区间、报警车号、轴位、外温、轴温变化情况以及轴箱检查情况。条件允许时，应及时报告列车调度员、车站值班员及有关部门。

客车轴温报警器由客车检车部门负责配置和管理。其控制显示器应随出乘列车备用两台，以备更换。在列车运行途中，轴温报警器应始终保持通电状态。为保证设备良好，非专业人员不得随意操作和拆卸轴温报警器及其相关配件。

2. 烟火报警器

烟火报警器，是一种对烟火、温度等物理现象反应极为敏感的信息报警装置（见图 2－16）。即烟火浓度或温度达到所设定指标限度时，该装置就会发出红色灯光闪烁并同时发出音响报警信号，以提示有关作业人员迅速扑灭火苗及开启火灾的消防安全信息警告设施。

烟火报警器，一般设置为六工位火灾报警系统。各工位由烟、温探测器组合提供火警信息，微机巡回检测，判断火灾的发生，然后进行声、光报警。也有的烟火报警器其火灾显示和音响警报分为预警和火警两级，分别由工位矩阵灯显示和火炬灯显

图 2-16　客车烟火报警器示意

示，控制器发出多次或不同的音响警报。

烟火报警器由直流 48 V 供电，接线可以不分极性任接；一般设置在发电车、客车上，也有根据需要装设在其他车内（如动车组列车车厢）的情况。烟火报警器报警后，有关值班人员应迅速判断火险及火情，立刻切断火源，扑灭初起火灾。

3. 漏电报警器

我国客车相当一部分客车都是采用直流 48 V 电压制，停车由蓄电池供电、开行由发电机供电，电压常在 44～64 V 间浮动。

客车编入列车后，各供电系统一般为全列并联。由于负线漏电起火而烧毁客车的事故时有发生，现在旅客列车上采用的漏电报警器就是为了探测客车电线线路是否漏电而研制的（见图 2-17）。

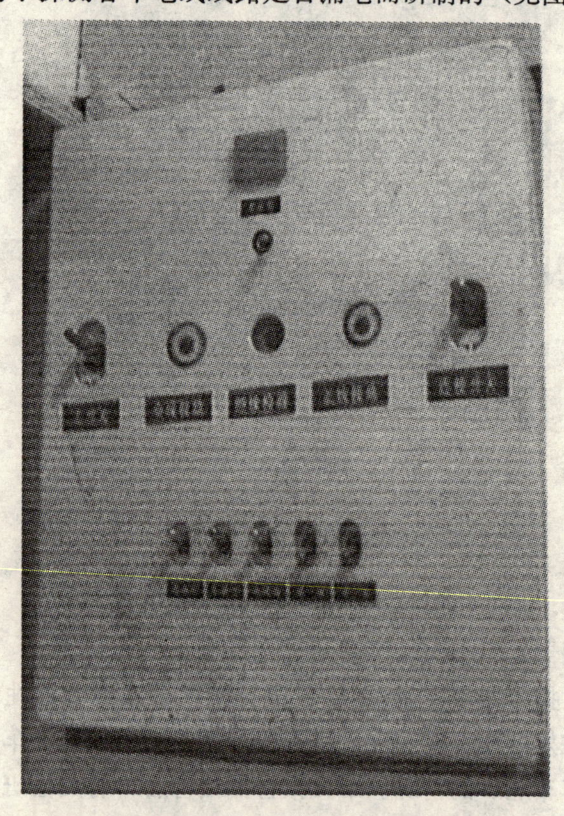

图 2-17 客车漏电报警器示意

漏电报警器主要由负采样电路及比较器、报警电路、工作电源等组成，具有长期、稳定、连续的工作特性，兼有正极线或负极线漏电报警功能，无论列车在运行或停留时，编组中的任何一辆车发生漏电立刻报警。

漏电报警器一般安装在48 V供电客车配电盘的中间位置，4只发光二极管（二红二绿）明显凸于盘面。当关上配电盘面门，合上主电源开关后，两只绿色二极管全部点亮，说明漏电报警器工作正常，线路绝缘良好。但由于客车供电线路破损裸露、电器松脱、设备老化等原因，导致发生客车供电线路短路、接地等非正常供电工作时，漏电报警器盘面显示红绿色灯光交替闪烁信号，同时发出音响警报，以提示有关作业人员迅速查处设备故障，消除隐患。

列车运行途中，当客车漏电报警器报警时，列车乘务员应立即向车辆乘务员或列车长报告。车辆乘务员发现或接到漏电报警报告后，应迅速仔细检查、认真判断，确认引起警报的车辆及故障位置，准确处理。

三、客运列车消防设施

客运列车的消防工作，应该坚持“预防为主，防消结合”的方针。完善消防设施的配备就是其中的重要措施之一。

1. 火灾的类型及对应的灭火器具

根据物质及其燃烧特性，火灾一般分为：A类火灾、B类火灾、C类火灾、D类火灾和带电火灾等几种。

A类火灾：主要是指含碳固体可燃物燃烧所形成的火灾。如棉、毛、木材、纸张等燃烧的火灾。对此类火灾的扑救，应选用水型、泡沫、磷酸铵盐干粉灭火器。

B类火灾：主要是指甲、乙、丙类液体燃烧所形成的火灾。如汽油、煤油、柴油、甲醇等燃烧的火灾。对此类火灾的扑救，应选用干粉、泡沫、二氧化碳灭火器。

C类火灾：主要是指可燃气体燃烧所形成的火灾。如煤气、天然气、液化石油气等燃烧的火灾。对此类火灾的扑救，应选用干粉、二氧化碳灭火器。

D类火灾：主要是指可燃金属燃烧所形成的火灾。如钾、钠、镁、钛等燃烧的火灾。对此类火灾的扑救，应由设计单位和当地公安消防部门协商解决。

带电火灾：主要是指带电物体燃烧所形成的火灾。对此类火灾的扑救，应选用干粉、二氧化碳灭火器。

2. 客运列车消防器具的配备

（1）客运列车上，一般都配备ABC干粉灭火器或二氧化碳灭火器。餐车、发电车等还应配备（用盐水浸湿过）消防麻袋及消防用砂等。

ABC干粉灭火器的一般配备数量为：客车每节车厢各配置4具2 kg灭火器（双层客车每层4具2 kg灭火器），分别挂在客车两端，每端2具；行李车、邮政车、餐车各配置4具4 kg灭火器；发电车配置10具4 kg灭火器；其他车厢各配置4具2 kg灭火器；餐车消防麻袋配备3～5条。

（2）灭火器悬挂部位应安装牢固，并采用套筒结构，以便于取放。套筒底部距地板高度不低于1.4 m（见图2-18）。

3. 客运列车消防器具的使用

客运列车的消防器具常见为便携式干粉或二氧化碳灭火器，使用方法为：提取灭火器，拔下保险栓，握住喷嘴，用力压下手柄压把，对准燃烧物着火根部直接喷射。

使用灭火器要注意的是：尽量迅速接近燃烧物5 m左右喷

图 2-18　客车灭火器安装位置示意

射，使用灭火器前先上下颠倒数次使筒内干粉松动，最好站在上风方向操作。若使用二氧化碳灭火器，可按住压把反复喷射，以达到最好效果。

客运列车的消防器具，是扑救列车初起火灾的专用设施，除灭火扑救、消防演习、安全检查及维修养护外，任何人不得随意移动，更不得挪作他用。而且应按规定要求，定期检查、维护、保养或更新消防器具，防止破封、过期、失效或丢失，确保客运列车消防器材配备完整、作用良好。列车乘务组要建立健全消防器材的管理制度，落实责任人，加强监督及考核机制。

第三章　列车乘务作业

第一节　车厢服务

一、车容整理

列车车容应保持庄重整洁、美观大方，具有时代气息和地方特色。

1. 出库标准

车窗起落一致，窗帘挂摆统一，外层窗帘垂直收拢，内层窗帘拉拢，茶几上铺设规格统一，台布清洁平整，台上正中摆放一只果壳盘；头靠套、座位套服帖、洁净、平展；四框位置统一，内容规范；列车长办公席电子显示屏、软座和餐车挂放的时钟准确，各种装饰美观完整、定位一致。

列车硬席车厢有质地良好的座套、小台布和遮光帘、纱帘。车内装饰应典雅、色泽协调。车内广告应符合《广告法》有关规定，设置规范安全、美观大方，与车内环境相协调，不影响列车应有的服务功能，不挤占规定的铁路图形标志、业务提示、安全宣传等内容和位置。不在车体、运行区间牌、门窗玻璃及厕所内设置广告。车厢内广告的位置和数量规定为：两端墙壁，每端 1 处；两侧墙壁，每侧 2 处。卧铺车仅限于走廊一侧设置 2 处。严禁采用粘贴方式设置广告。

2. 途中标准

（1）四条线标准。

行李架、衣帽钩、窗帘、毛巾绳等四项设施物品，应做到线直物平，统一大方。行李架上的物品做到长顺短横、外档为准，整齐划一；衣帽钩上，不挂衣帽以外的其他物品；窗帘起放统一；毛巾绳上的毛巾整理成四折卷放高低一致。新型空调列车一般没有毛巾绳，但其他三条线作业标准不变。

（2）物品安放标准。

物品安放应当平稳、整齐、牢固。轻的物品放行李架上，重的物品放座位底下；行李架上不放扁担长杆易滑物品，也不放易碎流质物品。硬卧车厢到夜间，旅客鞋子应摆放整齐，下铺旅客的鞋子放在铺下居中，鞋尖与铺边平齐，中、上铺旅客的鞋子放在铺旁扶梯下面，鞋尖朝里、鞋后跟与铺边平齐，保持车厢走廊一路通畅。

（3）乘务员室标准。

乘务员室应保持清洁、整齐，物品摆放统一。桌面铺放白色台布，桌面一角放资料盒（内有本次列车作业程序、旅客去向登记表、备品交接簿、列车时刻表、针线包等），卧铺车票夹要放入抽屉内并加锁，服务设施定位放置。

（4）宿营车标准。

宿营车应做到安全、整洁、肃静。专人值班，免进闲人；进出慢步低声，保持肃静；个人物品统放架上，窗帘、门布起落一致，卧具随时整理，保持营房气氛。

二、备品管理

备品管理应遵循庄重美观、挂摆统一整齐、作用良好的原则。

1. 固定备品

标准：齐全、光亮，作用良好。

四框（列车时刻表、旅客须知、安全宣传、广告或风景画）、示意牌（列车运行区间牌、内外车号牌、活动车号牌）配置齐全、规范统一。窗帘、台布、座套、头靠套及卧具色泽雅致，型号统一，数量齐全，平整完好，定期换洗。手烘干机、液体皂盒、厕所清洗垫圈架、卫生球盒齐全，作用良好。

2. 活动备品

标准：齐全、洁净，作用良好。

果盘、热水瓶洁净、光亮，固定位置摆放，热水瓶把手朝外；软卧车厢衣架型号一致，按钩挂放，钩口朝里，拖鞋数量齐全，定期清洗、消毒，放在铺下居中，鞋尖统一朝里。

茶具清洁、定位，符合要求；茶壶有套、戴帽、整洁光亮、定期擦洗；保温桶、送水车、送货车清洁、光亮，直平摆放，及时加锁。

清洁工具（水桶、刷子、拖把、抹布、铁钩、簸箕等）齐全、隐蔽、好用；垃圾箱架每车一只，放洗漱间旁，垃圾袋内套，标志朝外。

卧铺车的走廊和包房内地毯应平整、干净。车窗有双层窗帘，卧具有棉被（或毛毯）、垫褥、褥单、被套、枕芯、枕头套，软卧车还有衣架、拖鞋、衣刷、带盖茶杯、卫生桶。卧具应整洁，直接接触人体的被套、褥单、枕头套应洁白无污渍、消毒烫平使用，做到一人一换，卧具的使用周期不应超过半年。褥单三边全包、表面平整，换下来的要分类装袋、入柜存放；被套对边四折，两头内藏，头里被外，光面齐平；枕头正面向上，枕巾铺平，标志朝外，放在棉被或毛毯上。

三、清洁卫生

搞好列车上的清洁卫生，为旅客创造一个良好的旅行环境，保证旅客的身体健康，是列车服务工作的一项重要内容。列车的清洁卫生，应遵循“窗明几净、四壁无尘、器洁镜明、物见本色、严格消毒、消灭死角”的原则。

1. 卫生作业方法

两头大搞，途中勤保，先上后下，先内后外，先冲后擦，先扫后拖。上下以窗台为界，上部是茶几、窗框、板壁、行李架、顶棚，下部是坐席、坐席缝和卧铺缝、下部板壁、暖气管面与缝以及地面边角。内外以车厢两端板壁为界，客室为内，三间两头（乘务间、洗脸间、卫生间、两头通过台）为外。

扫地之前，先把烟灰盒、座位和卧铺缝以及暖气管下面的垃圾掏出来，然后再进行冲洗和擦抹。洗脸池里外都要用去污粉除去污垢、用抹布擦干净；用草酸烧去便池内的尿碱，用水冲洗干净；洗脸间、厕所地面彻底洗刷，最后用拧干的拖把拖干地面的积水。

2. 出库卫生标准

一切卫生做完后，列车长要按照铁道部规定的出库卫生质量标准进行鉴定，检查验收。出库卫生要求达到“十无、四净、四光亮”。

“十无”即四壁无灰尘和污斑，窗沿、茶几无灰尘和茶渍，坐席、卧铺边缝无灰尘和垃圾，暖气盖板无灰尘和杂物，地板地毯无垃圾和污垢，凳角、边角无积垢，三头两间无积和杂物，厕所无异味和涂写痕迹，连接处无灰尘和污垢，排水系统无堵塞。“四净”即通风器、行李架、平梯、扶手洁净。“四光亮”即标志醒目、光亮，瓷盆、镜子洁白光亮，铝合金边条鲜明光亮，不锈钢器皿擦净光亮。

3. 途中标准

列车运行途中，为了保持车内干净整洁，卫生工作要见缝插针，做到“一化、二锁、三不倒、四干燥、五个要”。

“一化”即垃圾装袋化、扎口，交规定处理站。“二锁”即停站锁闭厕所、到达列车终点站或通过市区、隧道、大桥时锁闭厕所（真空集便式厕所除外）。“三不倒”即车窗、车门、连接处不倒垃圾、污水。“四干燥”即厕所、洗脸间、连接处、通过台保持干燥。“五个要”即地面要随脏随扫、车容要随乱随整、茶几果盘要勤倒勤清，三间两头要勤冲勤保，车内空气要随时保持清新适宜。

4. 终到标准

列车即将进入终点站，卫生应做到“一消毒、二清洁、三不带”。

“一消毒”即严格消毒餐具、茶具，操作时按照“一倒二洗三擦四消毒”的程序进行，保持干净无菌。“二清洁”即车厢客室、三间两头清洁。“三不带”即不带垃圾、污水、粪便。

四、旅客服务

旅客列车服务应坚持“人民铁路为人民”的宗旨，做到全面服务，重点照顾。要通过列车乘务人员热情、有礼貌的服务，为旅客创造亲切、舒适的乘车环境。

所谓全面服务，就是要做到“三要、四心、五主动”，对旅客不同需求提供相应服务。“三要”即对待旅客要文明礼貌，纠正违章态度要和蔼，处理问题要实事求是；“四心”即接待旅客热心，解答问题耐心，接受意见虚心，工作认真细心；“五主动”即主动迎送旅客，主动扶老携幼，主动解决旅客困难，主动介绍旅行常识，主动征求旅客意见。重点照顾就是对重点旅客（老、幼、病、残、孕）服务做到“三知、三有”。“三知”即知坐席、知到站、知困难；“三有”即有登记、有服务、有交接。

1. 车门立岗

在车门立岗迎接旅客时，应热情诚恳、礼貌周到。目光关注旅客，用亲切的语言表示欢迎：“您好，欢迎乘车！请出示车票”，按顺序快速查验车票。

车门口旅客较多时，应组织排队，维持秩序，及时提醒旅客注意安全。遇到老人、小孩、行动不便的旅客要主动搀扶、给予帮助。

2. 引导入座

对乘车经验少、老人及行李较多的旅客应主动引导，注意对号入座。如果该座位有其他旅客，应礼貌地请其让座，旅客主动离座的应及时表示感谢，对拒绝让座的旅客应积极寻找其他座位，缓解矛盾，使车内秩序尽快平静下来。

3. 致迎宾词

列车从始发站开车后，乘务员要致欢迎词。致辞时，应两眼注视旅客，沉着自信，面带微笑，语言清晰，音调适中，用词恰当。营造一个轻松、温暖的乘车环境。

欢迎词一般是："各位旅客，大家好！欢迎大家乘坐本次列车，本次列车是由××开往××的列车。我是本车厢的乘务员，胸章号码是××号。在旅途中我将服务在大家周围，旅客们有什么困难和需要，请向我提出来，我会尽力帮助大家解决。"

"本车厢为无吸烟车厢，需要吸烟的旅客请到车厢两头的连接处去吸。旅客们对我们的服务工作有什么意见和要求，请您写在意见本上，以便我们改进，更好地为旅客服务。"

"最后祝大家旅途愉快，一路平安。"

4. 供应茶水

为旅客送开水是一个重要的服务项目，任何列车在始发和运行途中都要做到这一点。有电茶炉的客车，要向旅客介绍电茶炉的位置。对重点旅客，坚持送水到位。卧铺车厢的热水瓶要注意续水。

送开水要注意不要烫伤了旅客和自己。提水壶行走要保持平稳，随时提醒旅客注意避让。接旅客的茶杯时，手握茶杯的中下部。如果是带把的杯子，手把朝向旅客。倒水时，注意不倒过满。万一不小心水溅到旅客身上或物品上，应马上帮旅客擦干净。

5. 对重点旅客的服务

(1) 对各类残疾旅客和老人，应主动帮拿行李，安排座位或卧铺，介绍列车设施及作用，联系就餐，端茶送水，协助上厕所等，尽可能为他们提供方便。

（2）儿童活泼好动，应随时观察小孩的举动，发现有危险行为时，要及时制止，并提醒家长看好自己的孩子。

（3）对身体表现出不适的旅客，应主动询问是否需要找医生，在生活上多加照顾，必要时联系餐车做“病号饭”。

（4）孕妇容易疲劳，行动也不方便。可安排一个方便走动的座位或铺位，动员周围的旅客说话、动作轻，尽量提供一个安全、宁静的休息环境。

第二节　列车广播

列车广播是我党宣传工作的一部分，是社会主义精神文明建设的一个重要阵地，也是铁路客运工作的一个重要内容，是展现铁路风貌的重要窗口。搞好列车广播工作，对于保证旅客旅行安全、丰富旅客旅行生活、组织指挥客运生产和服务、倡导社会主义精神文明具有重要作用。

一、列车广播的主要任务

列车广播的主要任务是为旅客服务，为铁路客运服务，为党的中心工作服务，为社会主义精神文明服务。

（1）宣传党的方针、路线、政策，按时转播中央人民广播电台新闻联播节目。宣传人民铁路为人民的宗旨和铁路建设成就，建立良好的路风路誉。

（2）根据铁路特点和旅客需要，介绍车内设备设施、旅行常识，宣传安全、服务、卫生以及防火、防爆、防盗知识，组织旅客乘降等有关事项。

（3）介绍沿途风光、城市概况、名胜古迹、革命纪念地，中转站列车车次及时刻。

（4）播放文艺、体育节目，介绍科普、健康知识和商品信息。

二、列车广播员的任职条件

客运段应设广播业务员或广播指导，负责列车广播员的技术业务工作。

列车广播员应经技术培训，并考试合格证后上岗。广播员的学习由客运部门组织，铁通公司负责设备操作、使用培训。此外，还应并且具备以下条件：

（1）思想品质好，具有高中（中专、中技）以上文化程度；

（2）担任列车员职务实际工作时间满一年以上；

（3）有一定阅读、分析、编写能力和欣赏水平，吐字发音准确，并获得国家或地方语言委员会普通话水平测试等级证书。

三、列车广播作业要求

（1）列车广播工作应坚持全心全意为人民服务的原则，坚持同党中央宣传口径保持一致的原则，坚持思想性、艺术性、计划性、针对性的原则。广播宣传口径要以中央报刊文章和中央人民广播电台的稿件为准。广播资料用语由铁路局编写、统一使用。自编用语报客运段审批。临时用语由列车长审批。

（2）广播员在每次出乘前都要制定《广播趟计划》。计划的内容包括列车运行全过程中的播音项目、播出时间及节目内容，即对乘务中各阶段各区间的播音内容作详细安排。制定的依据是当前上级对广播工作的要求、本车次线路作业过程、广播作业过程、上一趟乘务中旅客和添乘干部对广播工作的意见与建议。列车长必须检查广播计划，指出播音要点，批准广播员按计划执行。

（3）列车运行中除计划播音外，还可以根据实际情况，灵活机动地穿插相关内容。如客流大时要做好列车超员、互相让座的宣传；临时停车做好维护秩序宣传；列车晚点 30 分钟及以上应代表列车长向旅客道歉；节假日期间做好防火防爆安全宣传；广播找人、寻医；遇有其他突发情况做好稳定旅客情绪的宣传等。

（4）广播员应经常向旅客宣传铁路旅行常识，使广大旅客懂得铁路运输知识，自觉遵守铁路规章制度。为了防止旅客坐过站或下错车，应及时通告停车站站名和到开时刻，列车到站应报三次站名，即开车后预告下一站、进站前预报第二次、列车到站停稳后报第三次。

（5）为了方便旅客就餐和使用卧铺，广播应准确介绍餐车供应和剩余卧铺发售情况。餐车供应通告，包括餐车供应时间、品种、售价、方式、餐车位置。剩余卧铺通告，应介绍发售的车厢、位置，做到公开发售。

（6）清晨第一次播音应介绍洗漱设备的使用方法，宣传节约用水，提醒旅客不要遗忘贵重物品等。夜间停止播音前要重点介绍安全注意事项、夜间停站预告及注意防盗等事项。

（7）列车广播的听众是广大旅客，旅客的年龄、职业、籍贯、文化程度、旅行目的不同，兴趣、爱好也千差万别。广播员应经常研究旅客心理、开动脑筋，将节目安排得丰富、生动、紧凑，既要进行时事宣传和业务通告，也要播放文艺节目。节目形式灵活多样、生动活泼，节目内容兼顾到大多数旅客的兴趣和需要。

四、广播室管理

（1）列车广播机的功能和性能指标必须符合安装、使用和管理要求，具备可靠的过压、过流、过载、短路、温升等保护功能，在环境温度为－5℃～40℃、电源44～60 V的条件下应连续正常工作。

（2）广播室要张贴“广播员岗位责任制”，配备日历、字典、闹钟、旅客意见簿、《广播资料汇编》、《列车广播作业过程》、列车时刻表，建立“资料剪辑册”和“广播日志”。所有备品设施、台账资料齐全定位。

（3）加强广播室安全管理。安装广播机的乘务室应采用专用门锁。列车运行途中，禁止无关人员进入广播室和擅动设备，检修人员进入广播室检修设备时，不得损坏广播设备。广播员在广播室内不准吸烟，不准堆放与工作无关的杂物，保持室内感觉整洁，保证广播机械安全和播音质量。

（4）广播员要爱护广播设备，开机后不能离开播音室。广播机在工作期间，广播员应定时巡视检查设备的工作状态，发现异常立即处理。广播员要离开广播室时，必须关闭广播机、关掉总电源、关灯、关好车窗，最后锁好广播室门。

（5）列车始发前和终到后，广播员应与设备维修人员共同对设备进行检查实验。列车广播机在途中发生故障时，由列车长负责通知终到站设备维修单位处理。折返站广播工区接到广播故障通知后，应负责处理，保证列车折返时正常播音。

（6）广播员应按规定时间播音。为了不干扰旅客正常休息，列车播音时间一般规定为 6 点半至 21 点（品牌列车为 7 点至 22 点），夏季 12 点到 14 点为午休时间。每次连续播音时间不超过 1 小时，间歇时间不少于半小时。22 点以后始发的列车可在开车后广播 30 分钟，凌晨终到的列车可在到站前提前 30 分钟广播。

第三节　餐车经营

旅客列车餐车供应的基本任务是保证广大旅客在旅途中的饮食需要。由于餐车活动范围小，餐厅只有 48 个座位，厨房（加工间）面积小、设备条件有限，餐车工作人员也少，要供应全列车上千名旅客的用餐，任务非常艰巨。旅客的年龄、生活习惯、身体条件不一样，饮食需求相差很大，因此搞好列车饮食供应、满足各种不同层次旅客的需要，应该树立服务理念，不断拓宽服务领域，增加经营品种，提高经济效益。

一、餐车经营的原则和任务

列车餐车经营不同于其他饮食服务行业，应遵循以下原则：

(1) 认真贯彻执行国家政策和法令，做到面向旅客，经济实惠，保质保量，适应需要。

(2) 由于品种受限制，不可能专业化。应在保证供应的基础上求质量，以照顾大多数旅客的饮食需求为主，适当兼顾各方面的需要。

(3) 本着保本微利的原则，为旅客服务，为国家建设积累资金。

其具体任务是：

(1) 全心全意地为广大旅客服务。

(2) 保证旅客旅行途中的饮食供应和旅行用品的需要。

(3) 不断提高供应水平和服务质量，改善卫生状态。

(4) 质量良好地完成供应计划指标。

二、专业管理

客运段（列车段）设旅行服务车间，为独立的会计单位，实行专业化管理。在段长的领导下，负责经营旅客饮食供应工作。餐车是旅行服务车间的一个基层单位。

(1) 餐车是旅客列车乘务组的一个组成部分，是一个营业单位，在乘务中接受列车长的统一领导。但在业务经营上以餐车长负责，全面领导餐车业务，按照供应政策、原则及铁道部、铁路局有关供应业务经营管理办法执行。

(2) 餐车领班厨师在餐车长的领导下，负责后厨的全部财产责任，出乘前做好请领餐料单（见表 3－1）。认真执行各项制度，具体掌握调剂供应品种、投料标准、销售价格，以及组织餐车厨房人员提高烹饪技术。

表 3-1

××客运段

餐料上料单

年 月 日

餐料名称	单位	数量	单价	金额
餐料金额合计				
麻　袋				
蛋　篓				
燃　料				

领料人员　　　　　厨师　　　　　仓库员

(3) 餐车长是餐车经营的领导者，应当具备良好的素质，思想端正、作风正派，懂得旅客饮食供应、食品卫生和经营管理的知识。其工作职责是：

① 遵章守纪，听从列车长的指挥，负责餐车经营管理、食品加工、服务和商品供应工作，做好旅客饮食供应工作。

② 全心全意为旅客服务，做到主动热情、诚恳周到，尽量满足不同旅客在饮食方面的需求。首长和外宾就餐要亲自接待，指派专人制作，遇有问题及时向列车长汇报。

③ 负责餐车的现金、物资、票券和备品管理，编制班组经济核算制，严格执行财务制度，做到餐清趟结、账目清楚。

④ 在进料、加工、保管、出售等环节中，组织餐车人员认真执行食品卫生“五四制”，做好防毒、防火、防盗工作，以保证旅客运输安全。

⑤ 做好餐车班组的基础管理，组织餐车人员学习技术业务，提高自身素质和管理水平。

（4）餐车服务员、炊事员除完成餐车长、领班厨师分配的工作任务外，根据岗位责任制的分工，质量良好地完成各自任务。

三、业务经营

1. 经营范围

餐车供应以快餐为主，适当供应部分单炒菜，兼营商品。还可以根据季节和客流特点，开展夜宵、冷饮等延伸服务。列车售货组主要供应食品为主，兼售烟、饮料、水果等商品。

一日三餐，每餐的供应根据旅客的需求来安排。早餐可安排面条、粥、馒头、包子、牛奶、咖啡、面包、蛋糕等；中、晚餐可安排面食、快餐、单炒菜、卤菜、汤以及低度白酒、红酒、啤酒、饮料。快餐主食以米饭、面食（包括包子、饺子、花卷、烧卖等）并重，根据地区货源和旅客需要搭配副食（包括蔬菜、鸡蛋、鸡块、鱼肉、排骨、火腿等）。可以搭配供应，也可以单一快餐食品装袋或装盒供应。一般来说，进京、进沪和出入特区的列车以中档为主，根据旅客需要也可供应高档品种，其他列车以中、低档相结合供应。

随着人民生活水平的提高，旅行饮食也向着口味、风味和中高档层次发展。特别是外出旅游的旅客，把品尝美食、研究饮食文化作为旅游生活的一个重要内容。列车的饮食结构就得适应这些变化，除了了解全国各地的饮食习惯外，对少数民族、外籍旅客的饮食文化也应熟悉和掌握。尽量制作出有特色的风味菜、各地名菜，如咕佬肉、鱼香肉丝、宫保鸡丁、糖醋黄河鲤鱼、麻婆豆腐等，满足旅客需要，丰富旅行生活。

为了满足旅客多方面的需要，报请铁路局审批后，餐车可以开办经营性休闲茶座。但是必须符合国家和铁道部的规定。具体条件如下：

（1）隶属旅行服务部门管理，由所在班组餐车负责经营；

（2）必须是新型空调特快、快速旅客列车；

（3）消费者自愿；

（4）购买休闲茶座票的旅客必须持有有效车票；

（5）经营项目、内容、收费价格、使用票据等符合国家法律法规规定；

（6）开办的经验项目、服务内容、收费价格公开，明码标价，保证专人为休闲茶座服务，兑现服务承诺，杜绝变相卖座和只收费不服务；

（7）休闲茶座营业时间不占用早、午、晚旅客正常就餐时间；

（8）办理休闲茶座时，需留出不少于 2 个餐桌席位；

（9）接受旅客监督，公布受理旅客投诉的部门、通信地址、邮政编码、电话号码（市电）。

2. 营业时间

餐车供应实行一日三餐定时供应或不间断供应，营业时间范围一般是：

早餐：6点～8点

中餐：10点半～13点半

晚餐：16点半～19点半

夜宵：19点半～21点

由于各次列车始发、终到的时间不同，旅客对就餐的需求各异，各次列车可从方便旅客出发，考虑餐车加工条件，具体规定供应餐次、营业时间和区段。

3. 餐饮价格

餐车经营要遵守公开、公平、公正和诚实信用的市场原则，合理定价，自觉维护价格秩序，向旅客提供质价相符的服务。

餐车经营的饮食品价格，必须遵守国家关于禁止谋取暴利的规定，符合规定的饮食品价格毛利率及差价率。列车上的餐饮价格规定如下：

（1）自制的主食品、冷热菜、酒水、饮料等饮食品的综合毛利率最高不得超过55%，其中，制作简单、不提供就餐场所的盒饭等饮食品毛利率最高不得超过45%，包装盒价格按进价单独计算，不计入原材料成本。

（2）外购饮食品、饮料、酒水等饮食品差价率不得超过50%。

根据以上规定的毛利率和差价率，餐车供应饮食品的价格计算如下：

自制饮食品销售价格＝原材料成本/（1－毛利率）

原材料成本包括主料、配料、调料和燃料，其中燃料费原则上按主料、配料、调料总和的5%～10%比例计算。

外购饮食品销售价格＝进价×（1＋差价率）

进价按实际进货价格确定。

餐车经营还必须遵守国家关于明码标价和价格结算的各项规定，使用价目表、价目簿进行标价，做好价目齐全，标价详细准确，字迹清晰，摆放位置醒目。使用标价签时，要做到一货一签，除盒饭外，结账时向旅客提供票据或结算清单。

4. 供应方法

餐车供应采用餐厅供应与送盒饭到车厢供应相结合，实行一日三餐，准时营业或不间断供应的方法。

（1）长途列车，就餐旅客较多，时间也较为集中，应实行先送盒饭到车厢、餐厅后开的方法，保证多数旅客按时吃到饭，少数旅客可以到餐厅就餐，保证就餐秩序良好。

（2）短途列车，旅客上下频繁，就餐时间难以集中，可以先开餐厅后送盒饭的方法，满足不同层次旅客的要求。

（3）餐车供应，原则上应做到售票到座，送饭到桌，先票后饭，凭票取食。也可以根据不同对象，采用不同的供应方法：

① 旅客在车厢或餐厅先行购买餐票，服务员见票送饭；

② 送盒饭到车厢，现收款现卖饭，以提高供应速度，适应客流多的需要；

③ 外宾、首长等旅客在餐厅就餐，可以先就餐后结算。

四、餐车经营的卫生要求

1. 从业人员卫生

（1）食品生产经营人员每年必须进行健康检查，取得健康证方可上岗。凡患有细菌性痢疾、伤寒、病毒性肝炎、活动性肺结核、渗出性化脓性皮肤病以及其他有碍从事直接为顾客服务的疾病，一律不得从事服务工作。

(2) 餐车工作人员必须穿着规定服装，佩戴职务标志。作业前必须洗手，作业中不得抽烟，做到个人卫生“四勤”：勤洗手剪指甲、勤洗澡理发、勤洗衣服被褥、勤换工作服。不得面对食品打喷嚏和咳嗽、用勺子尝咸淡、手抓熟食及其他有碍食品卫生的行为。

2. 食品卫生

食品卫生的基本要求是：食品应当无毒、无害，符合应当有的营养要求，具有相应的色、香、味等感官性状。

(1) 原料到成品实行“四不制度”：采购员不买腐烂变质的原料、保管验收员不收腐烂变质的原料、加工人员不用腐烂变质的原料、服务员不卖腐烂变质的食品。

(2) 食品存放做到“四隔离”：生与熟隔离、成品与半成品隔离、食品与杂物药物隔离、食品与天然冰隔离。

(3) 销售无包装直接食用食品要有防蝇、防尘措施，不徒手接触食品。

3. 餐车卫生

餐车是食品加工场所，也是接待旅客就餐的地方。必须保持整洁、窗明地净，无卫生死角。厨房操作台、水池无油污，地面无积水，排气扇无油垢。

(1) 餐车出库应达到以下标准：

餐车车厢：保持车皮外墙干净，车内设备完好、无油垢，车厢连接处干净，通风窗、排烟罩无油垢，顶棚、四壁、暖气管无灰尘，边角压条干净无死角，通过门、储藏室整洁干净，清扫用具存放定位隐蔽。定期进行消、杀、灭工作，无蟑、鼠害。

厨房卫生：各种炊具、容器洁净无油垢，放置整齐，送饭车保持清洁，加盖饭车罩、定位存放；刀、板、盒生熟分用有标志。炉台、作业台、地面保持干净，无积灰、污渍，蒸饭器、冰箱无油垢、无异味。

(2) 途中卫生每餐一小扫、一日一大扫。小扫时，餐厅要一扫二拖三擦抹，保持储藏室、地面、陈列柜、台面、花瓶、台酒架、四味架、酱醋碟、烟灰缸、椅套整洁干净；厨房要一刷二冲三扫四擦抹，保持食品柜、冰箱、制作台、碗柜、餐具、炊具、用具、洗池、地面、炉灶干净。大扫即内外台全面清扫。到达终到站，要从上到下、从里到外，按照“出库标准”彻底清扫。

(3) 餐具必须洗净消毒。未经洗净消毒的餐具不得供旅客使用。餐、茶具消毒方法是：

① 物理消毒。一般用蒸、煮、烫等方法。将洗净的餐茶具放入专用的消毒柜消毒，或用蒸笼用汽蒸，开锅后继续蒸 10～20 分钟。将碗、筷、茶杯放入开水锅内煮 5～10 分钟。

② 药物消毒。目前常用含氯制剂——二氯异氰尿酸钠配制成 0.3%～0.5%溶液，浸泡 1～3 分钟即可杀灭病原微生物。但使用餐茶具前要用清水冲洗，去掉残留氯。

五、乘务用餐

列车乘务餐，只供应本列车乘务人员、机车便乘人员（交验司机报单和便乘证或调度命令进行登记），邮政乘务员、机要交通人员用乘务餐要核收加成。

本列车乘务人员包括机车乘务员、运转车长以及客运、公安、车辆乘务员。他们长年工作、生活在旅客列车上，以车为家。餐车工作人员应安排好他们的饮食，照顾好他们的生活，让他们全身心地为旅客服务。做到粗菜细做、细菜精做，在烹调上多下工夫；口味上以多数人为主，讲求花色变化，每餐的菜肴尽量避免重复。要照顾有特殊需求的乘务员用餐，对身体不好或临时生病的乘务员安排营养可口、易于吸收消化的食物。

乘务员就餐的时间应与旅客用餐分开，一般安排在上午 10 时、下午 16 时、夜间 23 时左右、凌晨 3 时安排一次夜宵。乘务员要求集体用餐，按列车长分配的餐桌就座。餐具要严格消毒，餐厅干净整洁，餐厅服务员要热情接待、微笑服务。对工作独立性较强，一时因工作繁忙而未能赶上集体就餐的人员，如列车长、广播员、行李员、乘警等，餐车长要交代厨房领班留好饭菜。特别是春运期间，列车超员严重，离餐车较远的列车员因人多拥挤无法及时赶到餐车就餐，列车长或餐车长应派人送饭到位，让全体乘务人员体会到集体的温暖，提高工作的积极性。

第四节　列车服务质量管理

随着社会经济的发展和人民生活水平的提高，人们外出旅行的消费增长很快，整个客运市场的客运量都有明显增长。铁路由于具备运量大、成本低、速度快、能耗少、受气候影响小等优势，在各种交通方式中竞争力较强，市场发展的潜力很大。但由于客运市场的特点决定了运输企业的核心在于提供优质服务，所以服务质量是决定运输企业命运的关键。现在民航、铁路、公路、水运等客运方式之间的竞争日趋激烈，都在不断地推出新的服务举措。铁路要想在激烈的市场竞争中争取主动，就必须根据客运产品的特点不断挖掘旅客多方面的需要，一切从实际出发，不断创新，通过提高旅客运输服务质量来赢得更大的市场。

铁路企业具有很强的公益性，直接关系到广大人民群众的切身利益，提高客运服务质量能塑造良好的企业形象、体现社会主义精神文明。另一方面，广大旅客对铁路客运服务水平的要求越来越高，旅客不仅要求走得了，还要求走得好，要求较好的旅行环境和较高的服务水平，得到身体和精神上的满足。因此，铁路旅客运输应坚持“人民铁路为人民”的服务宗旨，树立“以人为本，旅客至上”的服务理念，实现安全正点、方便快捷、设备良好、车容整洁、饮食卫生、文明服务的质量目标。

一、铁路客运产品与质量特性

1. 旅客运输产品

现代营销理论认为，产品的概念是一个整体性概念，它包含三个层次：① 核心产品；② 形式产品；③ 附加产品。客运产品的整体概念也包括这三个层次。如图 3－1 所示。

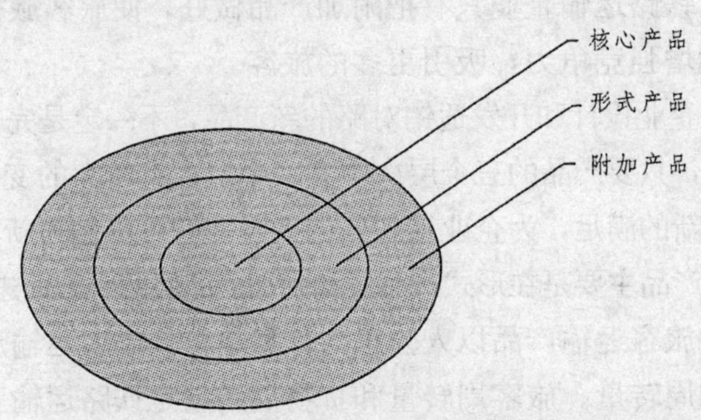

图 3－1　客运产品整体概念图

从核心产品层次上说，客运产品就是旅客的位移。旅客购买车票，在正常情况下就能满足自己从出发地到目的地的需求，通过运输生产加工，改变了旅客在空间上的位置（产生位移）。也就是说，旅客运输产品是人在空间上的移动。这个层次的产品，是产品的核心内容。任何形式的客运产品，包括铁路、公路、航空、水路，都具备旅客位移这个内容。

从形式产品层次上说，铁路客运产品就是可供旅客选择乘坐的不同档次的列车或同一档次列车的不同席别，它是核心产品的载体。客运产品的基本功能只有通过形式产品才能实现。在这个层次上，铁路客运产品具有可感知的几个属性，如服务质量、乘车环境等。客运企业必须着眼于旅客购买位移产品时所追求的旅行需求，并以此为依据去改造已有产品或设计新产品。

从附加产品层次上说，铁路客运企业提供给旅客的是购票、候车、行李托运、列车旅行服务及其他延伸服务。这个层次的产品，是铁路客运企业提供给旅客的各种服务和旅行生活所需的保障条件。铁路运输企业只有把附加产品做好，使旅客旅行更为方便，才能增强竞争力，吸引更多的旅客。

客运企业设计和开发适销对路的新产品，不一定是完全创新开发的产品，只要产品的三个层次中有一个层次有较大的变化，能为旅客带来新的满足，为企业增加新的效益，就可以称为新产品。一般设计新产品主要是在形式产品层和附加产品层两个方面进行。

铁路旅客运输产品以人公里为计量单位，旅客运输产品总量称为旅客周转量。旅客周转量和货物周转量是铁路运输工作中最重要的数量指标之一，是计算运输成本和劳动生产率的依据。注意不要混淆了产品和产品计量单位这两个概念，如果把计量单位视为产品，就不能确定产品的质量特性，对产品的质量考核就无法进行。

办理客运业务的车站和列车段，是客运的基层生产单位，它们只参与旅客位移的部分过程。站、段的生产成果对于旅客位移的全过程来说，相当于半成品。但是为了加强站、段自身的管理，都可以把它的生产成果看成是本单位的产品，这个产品与客运产品的概念有着本质上的区别。基层站、段各自确定自己的产品概念，可以使生产的目的性更加明确，对于广泛深入开展全面质量活动具有重要的实际意义。

2. 旅客运输产品的质量特性

旅客运输产品，虽然不具有实物形态，但和工农业产品一样，也有它的质量特性。铁路旅客运输质量是指铁路旅客运输服务满足旅客、货主明确或隐含需要能力特性的总和。旅客运输产品的质量特性包括安全、迅速、准确、经济、便利、舒适和文明服务等方面。旅客根据这些质量特性能否满足或满足的程度来判断旅客运输产品质量的好坏。下面就这些质量特性加以说明。

(1) 安全。

确保旅客人身安全，是旅客运输工作的头等大事。在运输过程中，除了不可抗力或旅客本身的身体机能而无法预防外，运输企业应尽量避免旅客受到心理和生理机能的损伤。目前全世界每年因车祸丧生的人数以百万计，各国政府都采取了许多保证安全的措施。在我国，铁路旅客运输市场正由供不应求的卖方市场向买方市场过渡，客运设备还不够现代化，可能产生火灾、爆炸、跳车、坠车、挤伤、烫伤、摔伤、轧伤、击伤、砸伤以及食物中毒等旅客伤亡事故。因此，千方百计保证旅客安全，是客运工作人员最基本的职责。

旅行过程中，除了保障旅客人身安全外，还应保证财产安全。旅客携带品和托运的行李、包裹应做到完好无损。

(2) 迅速。

旅客输送速度是旅客运输服务最重要的质量指标之一。旅客在旅途中耗费的各种时间，是评价旅客旅行质量高低的主要依据。运送速度越快，旅客花费的时间和精力就越少，这样可以把更多的时间和精力投入到工作、学习和生活中去。

(3) 准确。

包括时间准确和空间准确两个方面。时间准确是指旅客列车应当按列车时刻表规定正点运行到目的地，不能随便晚点，也不能无故停运。广大旅客希望在保障安全的前提下，准时到达目的地，以便安排接送、办事或换乘其他交通方式。空间准确是指铁路必须将旅客运送到客票载明的到站，避免旅客误乘。因此，铁路运输企业必须采取一切措施，准时发车、正点运行、准时到达，满足旅客对准确性方面的要求。

(4) 经济。

车票的票价直接影响广大旅客的经济负担，是旅客普遍关心的问题，也影响旅客对运输方式的选择。铁路在完成同样运输任务的条件下，应尽量节约运输过程中的物化劳动和活劳动，降低成本，以减少旅客的费用支出，为旅客提供经济的旅行条件。

(5) 便利。

狭义的便利是指旅客在办理旅行手续上的便利，如购票、上车、下车、行包托运和提取等，应一切从方便旅客出发，增加售票网点和售票窗口，开展多渠道售票方式和行包接取送达业务。

广义的便利还包括铁路的发展，路网四通八达、畅通无阻，列车开行的数量更多、频率更高。总之，铁路运输越便利，旅行花费的时间、物力、财力也越少，旅客出行的次数也会增加。因此，铁路应扩大运能，采取各种有效措施，为旅客创造便利条件。

（6）舒适。

随着人们物质文化生活水平的提高及交通运输业的发展，广大旅客对旅行的舒适性有了更高要求。因此，要不断改善铁路客车车辆的技术性能和车厢内部设备、客运站服务设施等，最大限度满足旅客对舒适性的要求，使旅客获得热情周到、文明礼貌的服务，全面提高旅行生活质量。

总之，提高客运服务质量是旅客运输工作的基本要求。服务质量的好坏，不仅直接影响旅客运输业务的开展和客运企业的形象，而且关系到国家的声誉。因此，必须加强客运职工的职业道德教育，使大家充分认识到，在市场经济的大潮中，良好的职业道德既是社会效益的需要，也是经济效益的需要，既是完善自身的要求也是竞争取胜的要求，要通过客运职工的文明服务来弘扬社会主义精神文明。

二、铁路客运产品的质量指标

客运产品的质量特性，需要用指标来衡量。有一些是可以直接衡量的，如列车速度、事故发生率、列车正点率、列车开行频率等，有一些是难以直接衡量的，但是我们可以用间接指标来衡量，如旅客乘车舒适度可以用车内照明亮度、噪音大小、车体震动强度、横向加速度等因素间接地进行衡量。铁路客运服务的常用质量指标如下：

1. 速度指标

（1）旅客列车技术速度。

技术速度是指旅客列车在运行区段的各区间内，平均每小时运行的公里数。即：

$$v_{技} = \frac{\sum nl}{\sum nt - \sum nt_{停站}}$$

式中 $\sum nL$—— 旅客列车行驶里程 /km；

$\sum nt$—— 旅客列车旅行总时间 /h；

$\sum nt_{停站}$—— 旅客列车在中间站停留总时间 /h。

（2）旅客列车旅行速度。

旅行速度是指旅客列车在运行区段内，平均每小时运行的公里数。即：

$$v_{旅} = \frac{\sum nL}{\sum nt}$$

（3）速度系数。

速度系数是指旅客列车旅行速度与技术速度的比值，即：

$$\beta = \frac{v_{旅}}{v_{技}}$$

2. 客车运用指标

（1）旅客列车车底周转时间。

旅客列车所用车底从第一次由配属站发出之时起，至下一次再由配属站发出之时止所经过的全部时间，以天为计算单位。即

$$\theta_{车底} = \frac{1}{24\left(\frac{2L}{v_{直}} + T_{配} + T_{折}\right)}$$

式中　$T_{配}$——车底在配属站停留时间/h；

$T_{折}$——车底在折返站停留时间/h。

客车车底周转时间反映车底周转全过程的运用效率，反映所有与客运有关部门的工作效率，是考核客车运用效率最重要的指标之一。

(2) 旅客列车车底需要数。

指为开行某一对旅客列车所需要的运用车底数。计算公式为

$$N_{车底} = \theta_{车底} \cdot K_{客}$$

式中　$K_{客}$——平均每天开行的列车对数。

车底需要数是由车底周转时间和平均每天发出的列车数决定的。

(3) 运用客车需要数。

指为开行某一对旅客列车所需要的运用客车数。计算公式为：

$$N_{客} = N_{车底} \cdot M_{客}$$

式中　$M_{客}$——每个车底的编成辆数/辆。

各客车车辆段需要的运用客车辆数为：

$$m_{运} = m_1 n_1 + m_2 n_2 + \cdots + m_n n_n$$

式中　$m_{运}$——运用客车辆数；

m_1，m_2，m_n——列车中编挂的车数；

n_1，n_2，n_n——车底数/列。

以运用客车为基础，对于某车辆段配属车辆时，需用下列公式计算客车总数：

$$m_{总} = m_{运} \times (1 + \gamma)$$

式中　$m_{总}$——配属车辆段的客车总数/辆；

γ——检修、备用车所占运用客车的百分数。

3. 客运安全及可靠性指标

（1）旅客伤亡事故件数和旅客伤亡人数。

指车站、列车段、铁路局或全路在一定时期内由于本单位责任事故造成旅客死亡和受伤的事故件数及总人数。

通常用旅客伤亡事故发生率作为考核旅客运输安全的相对指标。它是铁路局或全路在一定时期内，每完成一亿人公里旅客周转量所发生的旅客伤亡事故件数。即：

$$\alpha_{旅客}=\frac{G_{旅客}}{\sum(AL)100000000}$$

式中　$G_{旅客}$——旅客伤亡事故件数。

（2）行李包裹责任事故件数。

指车站、列车段、铁路局或全路在一定时期内结案的由于本单位责任事故造成的行李包裹事故的总件数。它包括由本单位结案属于本单位责任和由外单位结案属于本单位责任的事故件数。即：

$$G_{行包}=G_{行李}+G_{包裹}$$

$$G_{行包}=G_{自结行包}+G_{外结行包}$$

为了全面考核行李包裹运输质量，常用行李包裹责任事故发生率作为考核指标。即一定时期内，行李包裹事故件数占全部行李包裹运送件数的百分比。

还可以用每万元行李包裹收入中行李包裹责任事故赔偿率（简称行包赔偿率）作为经济方面反映铁路行包运输质量的指标，即：

$$\alpha_{赔行包}=\frac{P_{行包}}{R_{行包}/10\ 000}$$

式中 $P_{行包}$——行包赔偿金额；

$R_{行包}$——行包总收入。

（3）旅客列车始发正点百分率。

指一定时期内，全路、铁路局、车务段正点发出的旅客列车次数在发出旅客列车总数中所占的比重，即：

$$r_{发}=\frac{n_{正点发}}{n_{发}}\times 100\ \%$$

旅客列车始发正点百分率是反映铁路工作和服务水平的一个综合性指标。保证旅客列车始发正点是保证按图行车的关键。该指标越大越好。

（4）旅客列车运行正点百分率。

指一定时期内，全路、铁路局、车务段正点到达的旅客列车次数在到达旅客列车总数中所占的比重，即：

$$r_{发}=\frac{n_{正点到}}{n_{到}}\times 100\ \%$$

4. 方便性指标

方便性指标是指旅客在旅行过程中能否得到便捷的服务。

（1）旅客列车开行间隔（频率）。

指在合理开车时间范围内开行同方向列车的间隔时分。开行间隔时间小，旅客在站滞留时间就短，旅客旅行就越方便。即：

$$I_{间}=\frac{T_{时}}{n}$$

式中 $T_{时}$——24小时中适合开行旅客列车的时间段（时分数）；

n——合理开车时间范围内开出的同方向旅客列车数。

（2）旅客旅行总时间。

旅客旅行总时间是指旅客从始发地到达旅行目的地花费的总时间，包括旅客在上车前在车站等候的时间、旅客在列车运行途中经过的全部时间以及在旅行途中换乘中转时间。即：

$$T_{总旅} = T_{站候} + T_{旅} + T_{换}$$

（3）售票时间。

售票时间是指旅客有了旅行需求从住宿地出行开始到售票处所买到车票时止所需要的时间，包括旅客从住宿地到售票处所花费的时间、旅客在售票处等候的时间和办理售票手续的时间。即

$$T_{售票} = T_{出行} + T_{候票}/t_{办票}$$

售票是旅客接受旅行服务过程的开始，也是旅客感受某种旅行方式是否方便的敏感点。要压缩售票时间，必须采用先进的售票方式、拓宽售票渠道、增设售票网点。

5. 舒适性指标

舒适性指标是指旅客在旅行过程中，从精神到物质条件上享受心理和生理愉悦和舒适的程度。

（1）旅客乘车人均占有面积。

它指按标准坐席旅客在列车上人均占有的基本面积。在客车设计规范中有明确的规定。例如，日本规定不得小于 0.82 m^2/人，世界发达国家规定在 0.82～1.18 m^2 之间，而目前我国仅为 0.57 m^2/人。

（2）乘车舒适度。

它指旅客在乘坐列车过程中的舒适程度。影响因素有线路曲线半径、横向加速度临界值、外轨超高时间变化率、车体震动加速度和横向加速度、噪音频率等，这些参数应按评价实验或国外

经验值确定。

（3）站车环境舒适度。

旅行环境是考虑舒适度时不可忽略的一个重要方面。要提高旅行生活质量，必须有良好适宜的环境。

旅行卫生环境标准如下：

① 温度：有空调设备的室温夏季24℃～28℃、冬季18℃～20℃，没有空调设备的室温冬季应大于14℃。

② 湿度：室内相对湿度30%～70%。

③ 气流：夏季风速不超过0.35 m/s，冬季不超过0.2m/s。

④ 客室内空气细菌总数：夏秋季不宜超过4 500个/m^3，冬季不宜超过6 000个/m^3。

⑤ 客室内空气在中CO_2浓度不得超过0.15%，CO浓度不得超过10 mg/m^3。

⑥ 室内噪音强度不得超过70 dB，列车内采光、照明要求在0.8 m高处阅读面的照度为80～150 Lx。

⑦ 茶具未使用前，不得检出大肠菌群；卧具使用前的清洁状态，细菌总数为0～10个/10 cm^2；生活饮用水的细菌总数不得超过100个/ml，总大肠菌群小于3个/L，水中余氯小于0.3 mg/L。

⑧ 旅客车厢内夏季每人每小时补充新鲜空气20～25 m^3，冬季15～20 m^3。

6. 服务满意性指标

（1）万名旅客投诉率。

它指一定时期内，车站、铁路局或铁道部每完成1万人旅客发送量，其中投诉的旅客人数。

（2）旅客人身伤害按期赔偿率。

它指一定时期内，发生旅客人身伤害事故后，按期赔偿事故件数占全部件数的比率。

（3）员工服务满意率。

它是指一定范围内，被调查旅客对铁路客运职工服务满意（包括对职工文化、技术、形象、服务、态度等方面）的评价占全部被调查的比率。

（4）服务设施配置满意率。

它是指一定范围内，被调查旅客对铁路服务设施配置情况满意的评价占全部被调查的比率。

三、旅客服务质量标准与服务标准化

旅客乘坐铁路旅客列车的全过程，就是铁路客运部门的工作人员为旅客提供旅行服务的过程。为了安全、准确、迅速、便利、优质地运送旅客，树立良好的客运服务企业形象，在站、车的旅客服务工作中有必要为大量重复的工作内容、程序、方法、服务活动等制定统一的作业标准，实行标准化作业程序，以保证客运服务质量和提高作业效率。

1. 执行服务标准的重要性

（1）为提高服务质量提供充分的依据和明确目标。

在客运服务工作过程中，任何一个作业环节如果没有统一的标准来要求，每个服务人员完成的效果都不同。实行标准化就是要求每一个人的服务工作都达到同样的质量。如车厢卫生整容作业中，“礼貌”的标准是“清扫时，移动旅客物品要先打招呼，清扫工具不触及旅客衣物，麻烦旅客要道谢，失礼时要道歉”。

客运工作人员在工作时，只要认真按标准去做，就必然会达到卫生整容的质量标准。

(2) 为考核服务质量提供了考核标准和检验的手段。

由于客运服务产品自身的特殊性，对客运服务质量的考核无法用检测手段去检验，也不能仅仅依靠旅客的反映来评价，必须制定服务标准，以“标准”为依据和检验手段，去衡量、考核和检查服务质量。

(3) 标准化是以科学的管理方法和手段来提高服务质量。

标准化活动本身属于现代化管理企业的手段，因此铁路客运部门推行标准化活动，实质上是具体采用了科学管理方法和手段来提高服务质量。

(4) 标准化能适应客运服务工作不断发展的需要。

服务标准本身具有先进性、科学性。各级领导机关制定和发布的服务标准，必须是代表了所管辖范围内的先进水平，否则就失去了“标准”的意义。服务工作的动态的、无形的、无止境的。一方面，客运服务人员在实际工作中认真按现有标准去做，另一方面，又在服务实践中不断总结新的、先进的服务方法和经验，经过筛选和提炼，再充实到服务标准中去，使服务始终保持先进性。

2. 服务标准的概念和分类

(1) 概念。

① 标准是对那些需要协调统一的重复性事物和概念所作的统一规定，它以科学技术和实践经验的综合成果为基础，经有关方面协调一致，由主管机构批准，以特定形式发布，作为共同遵守的准则和依据。

② 标准化是在经济、技术、科学及管理等实践中，对重复性事物和概念通过制定、发布和实施标准，达到统一，以获得最佳秩序和社会效益的全部活动过程。

③ 服务标准就是针对客运服务工作中大量重复进行的作业、程序和方法，以现行规章为依据，利用科学原理，在深入调查研究、认真总结先进经验的基础上，遵循有关规定，为保证旅客安全运输和提高客运服务质量，而作出的统一规定和技术文件。

④ 服务标准化是客运服务部门推行标准化活动的总称，是客运部门制定、发布服务标准，贯彻、落实、实施标准，不断完善服务标准的全过程。

（2）分类。

① 标准的分类。按照标准的级别可以分为：

· 国家标准，即由国务院标准化行政部门制定，由国家技术监督局审查批准发布的，必须在全国统一执行的标准。

· 行业标准，即由国务院有关主管部门制定，由中央各有关部门或专业化标准组织批准发布的，在该行业内执行的标准。

· 地方标准，即由省、自治区、直辖市政府标准化行政部门制定并批准执行的标准。

· 企业标准，即企业自己制定的标准。企业标准又分为三类，即技术标准、管理标准、工作标准。

② 服务标准的分类。铁路客运部门推行标准化活动，是以管理和组织工作为主，其工作重点应放在服务组织、作业和管理上。因此，客运部门的服务标准基本上分为三类，即工作标准、作业标准和管理标准。

这三个标准之间是互相联系、互相作用的。由于客运部门具有服务性强的特点，服务工作标准就是服务质量标准，工作标准是作业标准和管理标准制定、实施的主要依据和基础。客运部门通过贯彻、实施作业标准和管理制度来保证工作标准的实现，通过实现工作标准来提高服务质量，达到推行服务标准化的目的。

铁道部运输局、标准所及有关铁路局共同修订的 TB/T2967《铁路旅客运输服务质量标准》已于 2003 年 1 月 1 日起实行。该标准分为车站和列车两大部分，其中列车部分制定了安全秩序、文明服务、人员要求、设备设施、车容卫生、饮食供应、广播宣传、行包运输、基础管理共九个方面的服务质量要求。该标准的制定，体现了时代特色，是适应市场、参与竞争的需要，是树立“以人为本，旅客至上”的服务理念，做到安全、准确、便利、优质地运输旅客及行包的需要，也是塑造铁路运输企业新形象的需要。

附：特快旅客列车服务质量标准

1　安全秩序

1.1　安全

1.1.1　坚持“安全第一，预防为主”的原则。

1.1.2　安全、消防组织健全，制度落实，有非正常情况下的应急处置预案。

1.1.3　无责任行车、火灾、爆炸、行包、旅客伤亡和食物中毒事故。

1.1.4　安全设施设备齐全，标志明显，作用良好。

1.1.5　车门管理做到停开、动关锁，出站台四门检查瞭望；临时停车坚守岗位，做好宣传，加强巡视，确保车门锁闭，严禁旅客上下车；遇有线路中断等非正常情况停车，按照上级主管部门的指令，做好宣传、服务工作，确保旅客生命财产安全；列车停站锁闭卧车端门；餐车走廊边门、厨房后门锁闭，有专人管理；与机车连接的客车前部端门、行李车端门锁闭；列车前、后部车厢端门及餐车后厨房边门有防护栏。

1.1.6 乘务员对消防器材、紧急制动阀、手制动机做到知位置、知性能、会使用。

1.1.7 运行中餐车炊事人员油炸食物使用前进方向的第一位灶眼，用油量不超过容器的1/3；餐车灶台、排烟罩（道）清理及时，无油垢。

1.1.8 配电室（箱）锁闭保持清洁干净，严禁放置物品。

1.1.9 做好禁止携带危险品的宣传及危险品的查堵、处理工作。

1.1.10 客运人员在接班前要充分休息，保持精力充沛。严禁在接班前和工作中饮酒。

1.2 秩序

1.2.1 安全有序地组织旅客乘降和行包装卸。

1.2.2 做好安全宣传和防范，保持良好地治安环境。

1.2.3 坚守岗位，加强巡视，认真交接，确保旅客旅行安全。

1.2.4 对软卧旅客按规定进行登记。

1.3 运行

1.3.1 掌握和收集旅客运输有关资料，为科学、合理地编制列车运行图提供依据。

1.3.2 按照旅客列车运行图规定的运行时刻，组织旅客列车正点运行，无责任列车晚点。

1.3.3　保证旅客运输的各种信息畅通、准确、及时。

1.3.4　各运输相关部门工作协调、统一，确保旅客运输工作正常进行。

2　文明服务

2.1　基本要求

2.1.1　做到“全面服务，重点照顾”。对旅客不同需求提供相应服务，对重点旅客做到“三知三有”（知座席、知到站、知困难、有登记、有服务、有交接）。

2.1.2　对旅客做到“三要、四心、五主动”（接待旅客要求文明礼貌，纠正违章要态度和蔼，处理问题要实事求是；接待旅客热心，解答问事耐心，接受意见虚心，工作认真细心；主动迎送旅客，主动扶老携幼，主动解决旅客困难，主动介绍旅客须知，主动征求旅客意见）。

2.1.3　列车始发和进入夜间运行时，做好旅客去向登记，掌握乘车人数和旅客到站。

2.1.4　列车到站前，列车员通告站名、到开时刻、站停时间，并提前组织重点旅客到车门口等候下车。

2.1.5　保证饮用水供应，满足旅客需求。

2.1.6　贴身卧具（被套、小单、枕套）的使用，做到一客一换，卧具到终点站收取。

2.1.7　软、硬卧和软座车厕所配备卫生纸、芳香球。

2.1.8　车内温度应符合GB/T9673的有关规定。冬季18～20℃，夏季24～28℃。

2.1.9　车内照明应符合GB/T2141的有关规定。夜间运行硬卧车关闭顶灯，打开地灯，软、硬卧车关闭半夜灯（始发、终

到站及客流量大的停站除外）

2.2 仪容仪表

2.2.1 着装、鞋袜、箱包统一规范，整洁大方，佩戴职务标志。胸章（长方形职务标志）佩戴在上衣左胸口袋上方正中，上衣左胸无口袋时，佩戴在相应位置，臂章（菱形职务标志）佩戴在上衣左袖肩下四指处。乘务员可增配礼服。

2.2.2 精神饱满，仪容整洁，举止大方，表情自然。女乘务员可淡妆上岗。

2.2.3 立岗姿势：面向旅客放行方向站立，挺胸、收腹，两脚跟并拢，脚尖略分开，双手自然垂直。

2.2.4 不赤足穿鞋，不穿高跟鞋、钉子鞋、拖鞋，不戴首饰，不留长指甲，不染彩色指甲和头发，男不留胡须、长发，女发不过肩。

2.2.5 行走、站立姿态端正。不背手、插腰、抱膀、插兜，不高声喧哗、嬉戏打闹、勾肩搭背，不在旅客面前吃食物、吸烟、剔牙齿和出现其他不文明、不礼貌的动作。

2.3 服务语言

2.3.1 使用普通话，服务语言表达规范、准确，口齿清晰。运用“请、您好、谢谢、对不起、再见”等文明用语。列车长、软卧列车员使用简单英语为外籍旅客服务。

2.3.2 对旅客、货主称呼得体。统一称呼时为“各位旅客、货主”；个别称呼时为“同志”、“小朋友”、“先生”、“女士”等。

2.4 服务礼貌

2.4.1 对不同种族、国籍、民族的旅客应一视同仁。尊重民族习俗和宗教信仰。

2.4.2　在旅客多的地方行走时要先打招呼，不与旅客抢道、并行，与旅客走对面时要主动示意让路，旅客问话时应面向旅客站立回答。

2.4.3　列车长在站车交接、接受检查时行举手礼；列车员在列车进出站时，面向站台致注目礼。

2.4.4　进包房先敲门，经允许后方可进入，离开时，应退步出包房。

2.4.5　运行中，列车工作人员不得在软卧车洗脸间洗漱。

2.4.6　夜间作业及走路、说话、开关门要轻，减少对旅客的干扰。

2.4.7　餐车供餐时，列车工作人员不得在餐车逗留、闲谈、占用座席，不得陪客人就餐。

2.4.8　售货人员不准在车内高声喧哗叫卖、频繁穿梭、干扰旅客。

2.4.9　在工作中，对旅客的配合和支持应表示谢意；遇有工作失误之处，应向旅客表示歉意。

2.4.10　给旅客造成损失或发生旅客意外伤害，要本着对旅客负责的态度，以公正、诚实、守信的原则，按规定及时妥善处理。

2.4.11　列车晚点要及时通告，超过 30 min 时，列车长要代表铁路通过广播向旅客道歉，并积极做好服务工作。

2.4.12　客运人员在接班前和工作中不食用葱、蒜等会产生异味的食品。

2.5　职业道德

2.5.1　遵守国家法律和行业、企业规章制度，维护旅客、货主的合法权益。

2.5.2 客运职工职业道德

——勤恳敬业：做到工作勤奋，业务熟练；

——廉洁奉公：做到公道正派，不徇私情；

——顾全大局：做到团结协作，密切配合；

——遵章守纪：做到服从命令，执行标准；

——优质服务：做到主动热情，细心周到；

——礼貌待客：做到行为端庄，举止文明；

——爱护行包：做到文明装卸，认真负责。

2.6 服务监督

2.6.1 虚心倾听旅客意见，自觉接受旅客监督，认真及时地处理旅客投诉，实行首诉负责制，维护旅客的合法权益。

2.6.2 车厢设旅客留言簿，并在留言簿上公布本单位受理投诉电话、通信地址、邮政编码，列车长应及时审阅、处理旅客留言。

2.6.3 建立服务质量监督管理体系，进行严格的服务质量考核。

3 人员要求

3.1 列车乘务员应具有高中（中专、中技）以上文化程度。身体健康，五官端正。定期体检，持有健康证。

3.2 列车乘务员上岗前应通过安全、技术业务培训、乘务实习，经理论、实作考试合格，持证上岗。

3.3 列车乘务员应熟知本岗位业务知识和职责，了解本次列车沿途风景名胜、地方物产、风土人情，熟练执行规章制度，业务精通、技术过硬，应变能力强、作业标准高。能用简单英语会话。

3.4　列车主要工种乘务员经考试合格后方可任职。在任职前还应具备以下条件：

a）广播员：担任列车员职务实际工作时间满一年以上，并获得国家或地方语言委员会普通话水平测试等级证书；

b）餐车长：担任服务员职务实际工作时间满一年以上。业务精通，具有较高的经营管理水平。

c）厨师：担任炊事员职务实际工作时间满一年以上，需有一级以上厨师证书；

d）行李员：担任列车员职务实际工作时间满一年以上；

e）列车值班员：担任列车员职务实际工作时间满一年以上；

f）列车长：从事乘务工作实际时间满两年以上，并熟悉旅客列车其他工种业务，有较强的组织管理和妥善处理问题的能力。

4　设施设备

4.1　车辆设施设备

4.1.1　采用造型新颖、高雅、舒适的25K型或优于25K型的车辆。

4.1.2　车内各种标牌齐全醒目、型号一致、位置统一，电子显示屏的内容准确、规范。

4.1.3　列车办公席、乘务员室、行李员办公室、广播室，存放卧具、服务备品、清扫用具的储藏室（柜）、电茶炉、工具室（柜）、盥洗间、厕所等设施齐全，作用良好。

4.1.4　车厢的紧急制动阀、手制动机、轴温报警器、灭火器、脚蹬、手把杆、栏杆、车门、翻板及簧、门锁、门止、门碰头、车窗、窗锁、窗帘杆（滑道）、门窗玻璃、座席、卧铺、茶桌、座席号牌、卧铺号牌、包房号牌、卧铺栏杆、扶手、梯子、行李架、衣帽钩、镜框、灯具、通风器、温度计、梳妆台、面镜、脸盆、洗手盆、便器、手纸架（卧铺、软座车）、给水装置、采暖装置、餐桌、座椅、冰箱、隔水板、排气扇、炉灶、烟囱及防火隔热装置、电铃、广播、空调等服务设施设备齐全，检修及时，符合客车运用标准。

4.1.5 车辆外观统一，各部位金属部件无锈蚀；地板无塌陷，地板布无破损、不鼓泡；客车内外部油漆无剥落、褪色、流坠，外观整洁；车窗胶条密封良好，不透气、透尘，不漏水。

4.1.6 旅客车厢通过台有儿童票标高线、烟灰盒，并有“吸烟处“标志。

4.1.7 供电时间：列车始发前不少于 2 h，终到后不少于 1.5 h。开车前 40 min 车内温度应符合 2.1.8 的规定。茶炉水开。

4.2 服务设施、备品

4.2.1 各种服务设施、卧具、备品齐全完整。布制备品质地高档，色调协调，实用美观，装饰典雅，清洁卫生；贴身卧具使用纯棉制品，做到消毒、烫平、干燥、整洁无污迹，下角印有启始使用日期标记；所有布制备品按规定时间使用和换洗。

4.2.2 各车厢有符合有关规定的列车运行区间牌、内外顺号牌、活动顺号牌、不锈钢送水壶（带套、帽）、水桶、清扫用具、封闭式不锈钢垃圾箱（桶）和垃圾袋；车窗有质地良好的遮光帘和纱帘；卧铺车厢乘务员室有票夹；售饭、售货等车辆美观实用，有制动装置，外沿有防撞胶条。

4.2.3　列车设“两点一席“并有标志。医药点有药箱，配备常用非处方药品、器械及旅客用药登记簿；服务点备有针线包，并出售旅行生活用品；列车办公席配备规定的资料、台账，并配置笔记本电脑和电子移动补票仪，逐步实现办公设备现代化。

4.2.4　各类服务标志齐全醒目，公共信息标志应符合 GB/T10001 和 GB/T7058 的有关规定。

4.2.5　广播室播音设备先进，齐全完整，作用良好，有时钟和台历。

4.2.6　软卧车：包房、走廊有高档地毯，其他通道地面有地毯；包房有高档棉被、被套、枕套、枕芯、褥单、褥子（垫毯)、卧铺套、靠背套、靠背帘、桌布、不锈钢果皮盘、带盖杂物桶、热水瓶并有防倒架、布艺衣架、舒适的一次性拖鞋；走廊有书报和报刊杂志，边座有套；洗脸间有洗手液（皂)、干手器(擦手纸)；乘务员室有消毒柜、细瓷茶杯（有区别标志)、烟灰缸、衣刷、床刷、鞋刷；坐式便器备有一次性垫圈。

4.2.7　硬卧车：卧具有质地良好的棉被、被套、枕套、枕芯、褥单、褥子（垫毯)、卧铺套；每格有高档的热水瓶并有防倒架，带盖杂物桶、不锈钢果皮盘；茶桌有桌布；走廊有地毯，边座有套。宿营车有挡帘。

4.2.8　软座车：茶桌有桌布、不锈钢果皮盘；车内有书报架和报刊杂志；座席有质地良好的座席套、头靠套；通道有地毯；乘务员室有消毒桶、细瓷茶杯（有区别标志)、高档的热水瓶并有防倒架。

4.2.9　硬座车：座席有质地良好的座席套、头靠套，茶桌有不锈钢果皮盘，通道有地毯。

4.2.10 餐车：椅子有套（异型椅子除外）；台面铺棉质台布，放压台酒（有酒架）或花，摆酱油、醋瓶（壶）牙签盅；餐、茶、酒具高档，规格统一，花色一致，齐全无破损，备有棉质台布、餐巾、四味架、餐巾纸、烟灰缸，有清真餐具和席位牌；陈列柜布置艺术美观；悬挂卫生许可证、时钟；通道有地毯。

5 车容卫生

5.1 车容庄重整洁。行李架物品摆放安全、整齐，衣帽钩不挂杂物；各种服务标志齐全；铺、座套、卧具色调协调，摆放整齐；备品定位，清扫工具隐蔽；镜框内容按简明时刻表、旅客须知、安全宣传、广告或风景画的顺序配置。

5.2 发布广告内容应符合《广告法》的有关规定。广告设置规范安全，美观大方，与车内环境协调，不影响列车应有的服务功能，不挤占规定的铁路图形标志、业务揭示、安全宣传等内容和位置。不在车体、运行区间牌、门窗玻璃上及厕所内设置广告。车厢内广告的位置和数量：两端墙壁，每端1处。两侧墙壁，每侧2处。卧铺车仅限走廊一侧（2处）。禁止采用粘贴方式设置广告。

5.3 始发站车厢内外整洁，窗明几净，物见本色，无灰尘，无积垢，无卫生死角。运行途中洗脸间、厕所、通过台、连接处保持干燥；洗脸池（台面）、洗手盆保持清洁卫生，畅通无积水，面镜明亮无水渍；乘务员室整洁干净；厕所无异味、无污物、无积垢；地面随脏随扫保持清洁卫生。站站擦扶手。终到站做到车内整洁干净，无污水、无粪便，垃圾装袋到站处理。

5.4　运行中禁止向车外扫倒垃圾。垃圾处理做到装袋、封口，在指定站投放。有风雨棚的站台放在就近的风雨棚立柱下，无风雨棚的放在安全线以外。垃圾袋印有担当单位标记。

5.5　列车运行在市区、长大隧道、大桥和站停时锁闭厕所。对有特殊情况需使用厕所的旅客，应提供容器。

5.6　做好不吸烟宣传，对车厢内吸烟旅客及时进行劝阻。

5.7　使用的食品包装物、洗涤剂等应符合国家环保规定。

5.8　按规定进行“消、杀、灭“，蚊、蝇、蟑螂等病媒昆虫指数及鼠密度应符合TB/T1932的有关规定。

5.9　卫生管理制度健全，始发、途中、终到卫生有检查、有鉴定、有考核。

6　饮食供应

6.1　卫生管理制度健全，有卫生许可证，从业人员个人卫生合格，上岗持有健康证。

6.2　执行《食品卫生法》。食品、餐料的采购、保管、加工、出售符合规定。严禁出售无生产单位、日期、保质期和过期、变质食品；餐、炊、酒、茶具清洁，消毒合格；刀、板、墩、盆、冰箱等“生”、“熟”分用并有标记；餐料、食品生熟分开存放；各种容器、备品保持清洁，用具定位摆放；销售无包装直接食用食品有防蝇、防尘措施，不徒手接触食品。

6.3　餐车供应品种多样，精工细做，质价相符，有地方特色，满足旅客不同需求。销售食品、商品明码标价符合国家有关规定，有完整的经营核算制度。资料台账齐全、修改填写及时。

6.4　餐车整洁、窗明地净，无卫生死角。厨房操作台、水池无油污，地面无积水，排气扇无油垢。

6.5 尊重外籍旅客和少数民族旅客的饮食习惯。

7 广播宣传

7.1 执行操作规程，保持设备完好；资料台账齐全、修改填写及时；广播趟计划需经列车长审批后执行。

7.2 广播用语规范、内容丰富、形式多样，播音清晰、音量适宜。列车广播用汉、英两种语言介绍旅客须知和站停预确报，可根据需要增加少数民族语言广播。

7.3 及时通报列车到站、到开时刻及中转车次；做好专题宣传，及时转、录播中央人民广播电台新闻联播，做到选台准确，认真监听，无误转、错播。

7.4 广播不干扰旅客正常休息，22：00后始发的列车可在开车后广播30 min；凌晨到达的列车可在到站前提前30 min广播。

8 行包运输

8.1 行李车资料台账齐全，修改填写及时；办公室有规定的时刻表、货位示意图和“押运人员须知”；货仓内有“严禁烟火”标志、站名牌和隔离红带。

8.2 执行行包运输方案，装运行包监装监卸，车门点数，使用规定印章办理站车交接；行包装载堆码整齐，不侵占通道，不偏载、超载；贵重品、密件入柜加锁。

8.3 及时、正确填写“行包密度表”、“列车行李员乘务工作记录”。及时向前方站做好预报。

8.4 行李车内无违章运输物品，无闲杂人员，货仓门关闭加锁。对押运人员要查验车票，告知注意事项并进行登记。

8.5 无行包被盗丢失。

9　基础管理

9.1　在列车长的领导下，各工种按《岗位责任制》各负其责，严格乘务纪律，落实作业标准，完成乘务工作各项任务。

9.2　班组管理有制度、有考核、有记载。各处所业务资料配置齐全；规章修改、文电、命令摘抄及时、正确；票据、台账、报表填写规范、数据准确、保管完整。

9.3　按规定查验车票，及时、正确地办理补票和携带品超重手续，空余卧铺在办公席公开发售。无旅客越席及无票人员乘车。

9.4　做好计划运输，按规定及时填写“三报一表”（准确率达到95%以上），做好站车交接。

9.5　收费项目和标准符合国家和铁道部有关规定，无乱加价、滥收费。票据、现金管理制度健全，营运进款结算准确，及时入柜，保证安全。

9.6　定期对职工进行职业技能训练，不断提高业务水平和实作能力。

9.7　车辆设施无违规改造和挪作他用。不违规占用乘务员室、厕所、行李车货仓、客车铺位、座席、行李架、储藏室等。

9.8　宿营车备品摆放定位，卧具、挡帘干净整齐，乘务员使用铺位固定。

9.9　定期分析服务质量状况，制定改进措施，完善管理制度。

四、旅客服务质量问题的种类与罚则

1. 服务质量问题分类

（1）服务质量不良反映（以下简称不良反映）：

未构成服务质量一般问题的不良反映。

(2) 服务质量一般问题（以下简称一般问题）：

① 旅客、货主投诉或新闻媒体曝光，在社会上造成不良影响的；

② 站、车设备、设施、备品未达到规定标准，影响服务质量或旅客、货主提出批评意见的；

③ 站、车各项工作标准、基础管理未达到规定要求影响服务质量的；

④ 未按国家或铁道部有关规定对运价、杂费、商品实行明码标价的；

⑤ 站、车存在安全隐患，但尚未发生旅客、货主伤害和责任事故的；

⑥ 站、车治安秩序差，但尚未发生旅客、货主伤害事故的；

⑦ 站、车环境卫生、饮食卫生差，但尚未发生旅客伤害事故的；

⑧ 站、车工作人员在工作中与旅客、货主发生争执造成不良影响的；

⑨ 责任造成旅客 10 人以下漏乘、误乘、误降、坐过站的；

⑩ 责任造成旅客列车晚点的；

⑪ 责任造成旅客、货主财产损坏、丢失、被盗价值在 500 元以下的。

(3) 服务质量严重问题（以下简称严重问题）：

① 旅客、货主投诉或新闻媒体曝光，在社会上造成较坏不良影响的；

② 责任造成旅客、货主轻伤的；

③ 站、车设备、设施、备品故障、缺损，严重影响服务质量，旅客、货主反映强烈或给旅客、货主造成人身伤害或带来经济损失的；

④ 利用职权运输无票人员、货物，勒卡、索要旅客、货主钱物，价值在200元以下的；

⑤ 责任发生食物中毒事故未造成人员死亡的；

⑥ 站、车工作人员在工作中刁难、打骂旅客、货主造成较大影响的；

⑦ 责任造成旅客10人及以上漏乘、误乘、误降、坐过站的；

⑧ 责任造成旅客、货主财产损坏、丢失、被盗价值在500元及以上不足1 000元的；

⑨ 违反国家和铁路有关收费标准、规定，乱收费、乱加价造成较大不良影响的。

(4) 服务质量重大问题（以下简称重大问题）：

① 旅客、货主投诉或新闻媒体曝光，在社会上造成严重不良影响的；

② 责任造成旅客、货主重伤及以上伤害的；

③ 利用职权运输无票人员、货物，勒卡、索要旅客、货主钱物，价值在200元及以上的；

④ 责任发生食物中毒事故造成人员死亡的；

⑤ 站、车工作人员在工作中殴打旅客、货主造成严重影响或轻伤及以上伤害的；

⑥ 责任造成旅客、货主财产损坏、丢失、被盗价值在1 000元及以上的；

⑦ 违反国家和铁路有关收费标准、规定，乱收费、乱加价造成严重不良影响的。

2. 服务质量问题的罚则

对服务质量问题的处罚，坚持实事求是、惩前毖后、治病救人的原则。处罚种类为：通报批评；罚款；行政处分。

（1）通报批评。

对发生服务质量问题的单位和个人予以通报批评。

（2）罚款。

发生“服务质量严重问题”之一的，能够确定款额的对责任者处以发生款额的1～2倍罚款，责任单位处以2～4倍罚款；不能确定款额的对责任者处以1 000～2 000元罚款，责任单位处以4 000～10 000元罚款。发生“服务质量重大问题”之一的，能够确定款额的对责任者处以发生款额的1～2倍罚款，责任单位处以2～4倍罚款；不能确定款额的对责任者处以2 000～4 000元罚款，对责任单位处以8 000～20 000元罚款。两名以上责任者可累计处罚。

（3）行政处分。

行政处分分为：警告、记过、记大过、降级、撤职、留用察看、开除。发生“服务质量严重问题”的，根据情节轻重对责任者可给予警告至撤职处分；发生“服务质量重大问题”的，根据情节轻重对责任者可给予记过至开除处分。对发生服务质量问题的责任单位要追究领导责任。

（4）对发生“服务质量严重问题”、“服务质量重大问题”，涉及无票运输人员、货物的，对责任单位和责任者的经济处罚、行政处分按《铁道部关于违反铁路运输收入纪律的处罚规定》

（铁财〔1999〕76号）的规定执行。

（5）对发生“服务质量严重问题”、“服务质量重大问题”，涉及乱收费、乱加价、敲诈勒索、以票谋私的，对责任单位和责任者的经济处罚、行政处分按铁道部《违反铁路路风管理办法的行政处分规定》（铁监〔1998〕16号）的规定执行。

此外，对发生“服务质量严重问题”及以上问题的责任者给予行政处分的同时，可给予一次性罚款。

对隐瞒事实、出具伪证、包庇纵容、阻挠妨碍客运监察执行公务或对举报、执行公务人员进行打击报复的，一经查实从严处理。

对涉嫌触犯刑律的，移交司法机关依法处理。

3.《铁道部关于违反铁路运输收入纪律的处罚规定》之相关规定

（1）列车上乘务人员或单位有下列行为之一的，属于违纪行为：

① 利用工作或职务之便，篡改票证、报表或以其他方式侵吞票款的。

② 为长途旅客开短途票的。

③ 私带无票人员的。

④ 安排旅客（包括持有铁路乘车证的铁路职工）越席乘车的。

⑤ 无票运输货物的。

⑥ 列车行李员与车站或货主串通，装载超过票记重量、件数的行包货物或为其提供便利的。

⑦ 违规占用卧铺、座席的。

⑧ 其他违反铁路运输收入管理或客运管理的规定，造成运输收入少收的行为。

(2) 乘务人员有上述所列违纪行为的，按以下规定处罚：

① 构成第一条第一款的，违纪金额不满 200 元的，给予警告处分；200 元以上不满 1 000 元的，给予记过至记大过处分；1 000元以上不满 2 000 元的，给予记大过至留用察看处分；2 000 元以上的，给予留用察看至开除处分。实施行政处分的同时，给予违纪金额二至五倍的罚款。未开除的，要调离现工作岗位。

② 构成第一条第二、三、四、五、六款行为之一的，违纪金额按应收款与已收款差额和获取的好处费合并计算。对责任者按以下规定处罚：

违纪金额不满 400 元的，给予警告至记大过处分，其中情节轻微的可免予行政处分；400 元以上不满 1 500 元的，给予记大过至撤职处分；1 500 元以上不满 4 000 元的，给予撤职或留用察看处分；4 000 元以上的，给予留用察看至开除处分。

实施行政处分的同时，可给予违纪金额一至二倍的罚款（但最多不超过 2 万元）。未开除的，要调离现工作岗位。

③ 构成第七款行为的，按所占卧铺、座席补收票款。

④ 属于第八款行为的，可比照相类似的条款处理。

单位为谋取小集体的利益，构成第一条所列行为之一的，除向其追补损失的运输收入外，同时处以违纪金额 20%至一倍的罚款。

收入稽查人员在检查列车时，发现列车班组因工作失职未按规定查验列车，或查验不彻底，造成车补收入漏、少收的，稽查人员应开具“列车漏少收罚款通知书”，对其处以漏收款20%～50%的罚款。该项罚款从其当月堵漏奖中扣除。

收入稽查人员在本管辖区段内检查外单位的通过列车时，如发现上述所列违纪行为或因工作失职造成漏、少收情况的，应编制“稽查工作记录”交该列车的管辖单位的收入管理部门按本规定处理。处理单位应将处理结果反馈实施检查的收入管理部门。实施检查的收入管理部门，认为情节严重的或未在要求时间内接到处理结果的，可拍发电报向上级有关部门报告。

4.《违反铁路路风管理办法的行政处分规定》之相关规定

铁路工作人员和单位背离“人民铁路为人民”宗旨，凭借职权和工作便利条件，以车以票谋私，乱收费、乱加价，粗暴待客、刁难旅客货主，野蛮装卸，违纪贩运，勒卡索要等，给旅客货主造成经济损失或身体、精神伤害，在路内外造成不良影响的行为，属路风问题，都必须予以追究。

(1) 以票谋私类。

旅客列车的客运、公安、车辆“三乘人员”及其他添乘人员，凭借职务和工作之便，利用剩余卧铺和客票补票等业务，从中牟取私利的，或者私带无票旅客，以无票旅客起止站客票款额和获取的好处费合计计算，按牟取私利论处，数额（含实物折价，下同）不满200元的，对直接责任人给予警告至记大过处分，其中情节轻微的，可免予处分；数额在200元以上不满800元的，给予记大过至撤职处分；数额在800元以上不满2 000元的，给予撤职或留用察看处分；数额在2 000元以上的，给予留用察看或开除处分。实施处分的同时，对直接责任人按其谋私数额给予一至二倍的罚款。

出售加挂软、硬卧车票加收旅客下车站以远票价，客车加卖边铺、边座和超员凳，客车搞“雅座雅卧”变相提高票价的，数额不满800元的，对直接责任人给予警告至记大过处分，其中情节轻微的，可免予处分；数额在800元以上不满2 000元的，给予记大过至撤职处分；数额在2 000元以上不满4 000元的，给予撤职或留用察看处分；数额在4 000元以上的，给予留用察看或开除处分。实施处分的同时，对单位按照收费数额给予1～2倍的罚款。

(2) 乱收费乱加价类。

铁路运输单位，在运输延伸服务中违背“用户自愿委托、服务到位、合理收费”原则，未经国家批准而设立收费项目和收费标准或虽经批准但擅自提高收费标准的，采取只收费不服务等手段，从中乱收费乱加价的，以及各项服务收费中未向货主出具符合国家发票管理规定的有效票据的，数额不满5万元的，对直接责任者给予警告至记大过处分，其中情节轻微的，可免予处分；数额在5万元以上不满20万元的，给予记大过至撤职处分；数额在20万元以上不满50万元的，给予撤职或留用察看处分；数额在50万元以上的，给予留用察看或开除处分。实施处分的同时，对单位按照收费数额给予1～2倍的罚款。

(3) 粗暴待客刁难旅客货主类。

工作人员在当班和值乘中，侮辱、辱骂、殴打旅客货主，情节较轻的，对直接责任人给予警告至记大过处分；致使轻伤的，或调戏女旅客货主的，给予记大过至留用察看处分。

工作人员服务工作中语言污秽、行为粗鲁的，采取锁闭厕所等手段刁难旅客的，搭售商品强买强卖等造成不良影响的，对直接责任人给予警告至记大过处分；造成较坏影响的，给予记大过至撤职处分；造成恶劣影响的，给予留用察看处分。

(4) 野蛮装卸类。

从事行包装卸的工作人员因违反装卸作业有关规定，野蛮装卸造成直接经济损失不满 5 000 元的，对直接责任人给予警告至记大过处分，其中情节轻微的，可免予处分；造成直接经济损失 5 000 元以上不满 10 000 元的，给予记大过至撤职处分；造成直接经济损失 10 000 元以上不满 30 000 元的，给予撤职或留用察看处分；造成直接经济损失 30 000 元以上的，给予开除处分。在实施处分的同时，按直接经济损失数额的 20%由直接责任人予以经济赔偿。

(5) 违纪贩运类。

工作人员利用工作之便，贩运香烟或其他国家禁止贩运的物品，以及进行营利性的“捎买带”，价值数额不满 3 000 元的，对直接责任人给予警告至记大过处分，其中情节轻微的，可免予处分；数额在 3 000 元以上不满 5 000 元的，给予记大过至撤职处分；数额在 5 000 元以上不满 10 000 元的，给予撤职或留用察看处分；数额在 10 000 元以上的，给予留用察看或开除处分。在实施处分的同时，对直接责任人按价值数额给予 1～2 倍罚款。

工作人员与小商贩勾结，或提供条件纵容其进站、围车、上车叫卖的，不论是否从中牟取私利，对造成不良影响的，给予直接责任人警告至记大过处分；造成较坏影响的，给予记大过至撤职处分；造成恶劣影响的，给予留用察看处分。

(6) 勒卡索要类。

工作人员凭借职务和工作之便，采取威胁或要挟的手段，敲诈勒索旅客货主钱物的，无论是否获取钱物，对直接责任人给予记大过至开除处分。

铁路公安人员凭借职务和工作之便，采取威胁或要挟的手段，敲诈勒索旅客货主钱物的，无论是否获取钱物，对直接责任人给予降级至开除处分。

有关问题的解释和其他规定：

① 铁路工作人员，亦包括劳动合同制职工、临时工、劳务工等从业人员；铁路单位，亦包括多种经营、集体经营等单位。

② 有关责任人员的划分：直接责任人，是指在路风问题中起主要、决定性作用的人员；主要领导责任者，是指对直接主管的工作部门发生的路风问题负有领导责任的人员；重要领导责任者，是指对主要领导责任者负有教育管理责任的人员。

③ 直接经济损失，是指与直接责任人的行为有直接关系而造成的财物毁损的实际价值。处理路风问题中，个人和单位的非法所得一律没收。罚没款及赔款的收缴工作，按铁道部有关规定办理。

④ 路风问题的受理，由负责路风工作的部门分级办理，并主持或参与调查。调查的结论、处理的建议意见和有关材料，按干部工人处分的批准权限和程序规定，移送有关部门处理。有关部门要将处理结果反馈负责路风工作的部门。各部门在处理路风问题中，不得互相推诿。

第四章　客运服务礼仪和技巧

第一节　概　述

一、礼仪的含义

礼仪是文明的象征、道德的范畴。礼仪是指人们在社会交往活动中形成的行为规范与准则，是礼节、礼貌、仪表、仪式等的总称。它是社会道德、习俗、宗教等方面人们行为的规范，是文明道德修养程度的一种外在表现形式。礼仪不是随便制定的，是以约定俗成的程序、方式表现的律己、敬人的过程，涉及穿着、交往、沟通、情商等内容。各个国家、各民族在不同时期常有不同的礼仪规范，说明礼仪源于民族、国家长期形成的伦理道德观念和社会生活习俗，是一种约定的行为规范。人类社会要发展，就必须弘扬、推行礼仪，这是因为礼仪具有重要的功能，既有助于个人，也有助于社会。

礼仪的社会功能主要有以下几个方面。

1. 礼仪有助于提高人们的自身修养

在人际交往中，礼仪往往是衡量一个人文明程度的准绳。它不仅反映了一个人的交际技巧和应变能力，还反映了一个人的气质风度、阅历见识、道德情操和精神风貌。可以说，礼仪即教养、有教养才能文明、有道德才高尚。通过一个人对礼仪运用的程度，可以察知其教养高低、文明程度和道德水准。因此，学习礼仪、运用礼仪，有助于提高个人的修养，提高个人的文明程度。

2. 礼仪有助于人们美化自身、美化生活

个人形象，是一个人仪容、表情、举止、服饰、谈吐、教养的集合，礼仪在这些方面都有详尽的规范。学习礼仪，将有益于人们更好地设计和维护个人形象、更充分地展示个人的良好教养和优雅风度。当每个人都重视美化自身、彼此之间都以礼相待时，人际关系将会更加和睦、生活会变得更加美好。

3. 礼仪有助于促进社会交往，改善人际关系

古人云“世事洞明皆学问，人情练达即文章”，讲的就是交际的重要性。现代社会避免不了相互往来，一个人要同其他人打交道，则不得不讲礼仪。运用礼仪，可以使个人在交际活动中充满自信，还能帮助人们规范彼此的交际活动，更好地向交往对象表达自己的尊重、敬佩和友善，增进彼此之间的了解和信任。长此以往，必将促进社会交往的进一步发展，帮助人们取得交际成功，对造就和谐、完美社会起着重要作用。

4. 礼仪有助于净化社会环境，推进社会主义精神文明建设

一般而言，人的教养反映其素质，素质又体现于细节。反映个人教养的礼仪，是人类文明的标志之一。一个人、一个单位、一个国家的礼仪水准如何，反映了这个人、这个单位、这个国家的文明水平、整体素质。古人指出：“礼义廉耻，国之四维”，将礼仪列为立国的精神要素之本。荀子也说：“人无礼则不立，事无礼则不成，国无礼则不宁”，反过来说，遵守礼仪、应用礼仪，

将有助于净化社会环境，提升个人乃至全社会的精神风貌。我国大力提倡的社会主义精神文明建设，与礼仪的要求完全吻合。可以说，提倡礼仪的学习、运用，是推进社会主义精神文明建设是不可或缺的。

礼仪的这些功能主要是通过以下作用来实现的：

1. 约束作用

礼仪作为一种约定俗成的行为规范，一旦形成，对人们的行为就形成了一种强大的约束作用，人们都将自觉不自觉地受其制约。

2. 协调作用

由于人们受教育程度不同、成长环境各异，加上个性、职业、年龄、性别等方面的差异，导致人们产生价值取向的不同。在人际交往中，为了维护自身利益，就会发生不同程度的矛盾和冲突。礼仪的原则和规范，就能协调人与人之间的关系，使人们能够相互理解、相互尊重，从而友好相处。

3. 教育作用

礼仪作为一种道德行为规范，对全社会的每一个成员都起着潜移默化的作用。有的国家（如新加坡）把礼仪教育列入国民素质教育的主要内容，在短时间内提高全体国民综合素质取得了举世瞩目的成就。

二、礼仪应遵循的原则

现代礼仪应遵循尊重、平等、适度、自律、信用的原则。

1. 尊重原则

在现代礼仪中，尊重原则是指在礼仪行为实施的过程中，要体现出对他人真诚的尊重，而不能藐视别人。礼仪本身从内容到形式都是尊重他人的具体体现。在交往中，任何不尊重他人的言行，都会引来别人的反感，更不会赢得别人对自己的尊重。心理学认为，人们对尊重的需要分两类，即自尊和来自他人的尊重。自尊包括对获得信心、能力、本领、成就、独立和自由的愿望，来自他人的尊重包括威望、承认、接受、关心、赏识等。自尊往往是人们容易做到，但要获得来自他人的尊重，首先要学会尊重他人。尊重他人是礼仪的重要原则。与人交往，不论对方的地位高低、身份如何、相貌怎样，都要尊重他的人格，使人感到他在你的心目中是受欢迎的，从而得到一种心理上的满足，进而使心情愉悦。

在人际交往中如何才是尊重别人呢？首先，要热情、真诚。热情的态度会使人产生受重视、受尊重的感觉。相反，对人冷若冰霜，会伤害别人。当然，热情要有度，如果过分热情，会使人感到虚伪、缺乏诚意。第二，要给人留面子。所谓面子，就是自尊心。每个人都有自尊心，失去自尊心对一个来说，是件非常痛苦的事。伤害别人的自尊是严重的失礼行为。维护自尊，希望得到他人的尊重，是人的基本需要。第三，允许他人表达思想，表现自己。当别人和自己的意见不同时，不要把自己的意见强加给对方。当你和与自己性格不同的人交往时，也应尊重对方的人格和自由。

2. 平等原则

在现代礼仪中，平等原则是基础，是最重要的。所谓平等就是指以礼貌待人，礼尚往来，既不盛气凌人，也不卑躬屈膝。从心理学的角度看，人都有友爱和受人尊重的心理要求。人人都渴望平等，成为家庭和社会中真正的一员。任何抬高和贬低自己的语言和行为，都不利于建立和谐的人际关系。平等原则要求我们在处理人际关系中，尤其在服务接待工作中，对服务对象不管是外宾，还是国内宾客或侨胞，都要满腔热情、一视同仁地对待，决不能有任何看客施礼的意识，更不能以衣帽取人。应本着“来者都是客”的真诚态度，以优质服务取得宾客的信任，使他们乘兴而来，满意而去。

3. 适度原则

适度原则是指在交往中把握分寸．根据具体情况、具体情境行使相应的礼仪，如在与人交往时，要彬彬有礼，又不能低三下四；既要热情大方，又不能轻浮谄媚。要自尊，不要自负，要坦诚，不能粗鲁；要信任人，但不要轻信；要活泼，但不能轻浮。这是因为凡事过犹不及，运用礼仪时，假如做得过了头，或者做得不到位，都不能正确地表达自己的自律、尊敬他人之意。当然，运用礼仪要真正做到恰到好处、恰如其分，只有勤学多练，积极实践。

4. 自律原则

礼仪作为行为的规范、处事的准则，反映了人们共同的利益。每个人都有责任、义务去维护它、遵守它。各种类型的人际交往，都应当自觉遵守现代社会早已达成共识的道德规范如社会公德、守时重信、真诚友善、谦虚随和等。在人际交往中，交往双方都希望得到对方的尊重。在这种情况下，我们应该首先检查自己的行为是否符合礼仪的规范要求，主动做到严于律己、宽以待人，“得理也让人”。只有这样，才能在人际交往中塑造自身良好的形象，掌握交往的主动权，得到别人的尊重。

5. 信用原则

言必行，行必果。承诺是一种沉重的付出，对待任何已经做出的承诺都应该竭尽全力地去做到；因此在必要的时候，如果你实在无法帮助别人做到一些事情的时候，应该学会拒绝，并掌握好拒绝的艺术。

三、礼仪的内容和分类

1. 礼仪的内容

从内容上讲，礼仪是由礼仪的主体、礼仪的客体、礼仪的媒体和礼仪的环境四项基本要素组成的。

（1）礼仪的主体，指的是礼仪活动的操作者和实施者。

它既可以是个人，也可以是组织。当礼仪活动规模较小、较为简单时，其主体通常是个人。当礼仪活动规模较大、较为复杂时，其主体通常则是组织。没有礼仪主体，礼仪活动就不可能进行，礼仪也就无从谈起。

（2）礼仪的客体，又叫礼仪的对象，它指的是礼仪活动的指向者和承受者。

从外延上讲，它可以是人，也可以是物；可以是物质的，也可以是精神的；可以是具体的，也可以是抽象的；可以是有形的，也可以是无形的。没有礼仪客体，礼仪就失去了对象，就不称其为礼仪。礼仪的客体与礼仪的主体二者之间既对立又依存，而且在一定条件下相互转化。

（3）礼仪的媒体，指的是礼仪活动所依托的一定的媒介。

进而言之，它实际上是礼仪内容与礼仪形式的统一。任何礼仪都必须使用礼仪媒体，不使用礼仪媒体的礼仪不可能存在。礼仪的媒体，具体是由人体礼仪媒体、物体礼仪媒体、事体礼仪媒体等构成的。在具体操作礼仪时，这些不同的礼仪媒体往往是交叉、配合使用的。

(4) 礼仪的环境，指的是礼仪活动得以进行的特定的时空条件。

大体说来，它可以分为礼仪的自然环境与礼仪的社会环境。礼仪的环境，部分制约着礼仪的实施。不仅实施何种礼仪由其所决定，而且具体礼仪的实施方法也由其所决定。

2. 礼仪的分类

按照适用对象、适用范围的不同，礼仪大致上可以被分为政务礼仪、商务礼仪、服务礼仪、社交礼仪、涉外礼仪等几大分支。

(1) 政务礼仪，亦称国家公务员礼仪，是指国家公务员在执行国家公务时所应当遵守的礼仪。

(2) 商务礼仪，是指公司、企业的从业人员以及其他一切从事经济活动的人士，在经济往来中所应当遵守的礼仪。

(3) 服务礼仪，是指各类服务行业的从业人员，在自己的工作岗位上所应当遵守的礼仪。

(4) 社交礼仪，亦称交际礼仪，是指社会各界人士，在一般性的交际应酬之中所应当遵守的礼仪。

(5) 涉外礼仪，亦称国际礼仪，是指人们在国际交往中，在同外国人打交道时所应当遵守的礼仪。

不同的社会交往要求不同类型的礼仪行为，不同种类的礼仪行为不能相互混淆。所以，对各类礼仪应该了解其适用范围，灵活运用。

四、铁路客运服务礼仪

铁路客运服务礼仪，是指铁路车站、列车服务工作中向旅客表示敬意的仪式，是在服务工作中形成的得到共同认可的礼貌、礼节和仪式，是客运工作人员必须遵循的服务规范。掌握服务礼仪，做到礼貌待客，是做好铁路客运工作的先决条件。塑造铁路客运服务的礼仪礼貌，不仅是服务人员的工作需要，也是一个人文化修养的直接表现。

对于广大铁路客运服务人员来讲，提升自己的服务礼仪水平和质量，首先要加强爱岗敬业和职业道德教育，树立正确的人生观和价值观，形成讲奉献、比进取的良好氛围，其次要注重提高自己的服务意识，关注细节服务，掌握整个服务过程中旅客的需求。最后，要从服务形象、服务礼仪、服务姿态、服务用语等基础的技能培训着手，认识到服务意识是前提，服务技能是基础，不断改进服务工作、提升服务礼仪水平，树立铁路服务的良好窗口形象。

1. 学习客运服务礼仪的意义

为创建铁路客运优质服务、提高铁路客运职工的综合素质，学习服务礼仪有着十分重要的意义：

（1）铁路客运服务工作的特点是直接为旅客提供服务，良好的服务礼仪可以弥补某些客运设施条件的不足，产生积极的社会效果，满足旅客的心理需求。

（2）铁路客运服务礼仪体现铁路企业的管理水平和服务水平。客运服务是铁路企业精神文明的窗口，员工的礼仪规范不单是个人形象问题，也反映了铁路的企业形象，同时还反映出国家和民族的道德水准、文明程度和精神面貌。

（3）学习铁路客运服务礼仪可以塑造铁路职工爱岗敬业的完美自我形象。每位站、车服务人员在工作中良好的礼仪和内在美，既是自尊自爱的表现，也是事业心、责任感、自豪感的具体反映。

2. 客运服务礼仪的具体要求

（1）树立“以旅客为中心”的思想观念。

走进铁路车站、列车的人，都是铁路的客人、朋友，是我们服务的对象。尊重旅客，树立以旅客为中心的观念，是提供优质服务的基础。以旅客为中心，就是在考虑问题时、提供服务时、安排工作时，都要想旅客之所想、急旅客之所急。在接待旅客的过程中，不仅要满足旅客在物质方面的需求，还应该通过服务人员的优质服务，使旅客心情愉快、得到精神上的满足，留下美好难忘的印象。具体说来，应做到如下几个方面：

① 主动服务，指在旅客开口之前提供服务，意味着客运服务人员有很强的感情投入，细心观察旅客的需求，为旅客提高个性化服务。

② 热情服务，指服务人员发自内心的满腔热情地向旅客提供良好服务，做到精神饱满、动作迅速、满面春风。

③ 周到服务，指在服务内容和项目上能细致入微，处处方便旅客，千方百计为旅客排忧解难。

（2）时时处处见礼貌。

每一位客运服务人员都是礼仪大使，在服务工作中都应承担服务大使的责任，以主人翁的精神，通过语言、动作、姿态、表情、仪表等体现对旅客的友好和敬意。同时也应注意各国各民族一些独特的礼节风俗习惯，灵活运用到服务接待中去，使旅客感受到服务的热情和真诚，赢得旅客的尊重。

在服务过程中，还应注意的是服务产品具有独一性。一个环节、一个时刻出现差错，就会损害铁路的整体形象，就难以使旅客获得愉快的感受，正是“100－1＝0”这个礼仪服务公式所表达的含义。所以，讲究礼仪应自始至终，体现在服务过程的每一个细微之处。

(3) 旅客永远是对的。

坚持“以人为本、宾客至上”的原则，已经成为服务行业的共识。旅客花钱到列车上来是为了买享受、买尊重，如果感到客运服务人员的怠慢无礼，就会觉得是花钱买罪受。客运服务人员应树立强烈的服务意识，遵循“旅客永远是对的”原则，妥善处理各类服务事项。即便遇到一些不讲理的旅客，也应该把“对”让给旅客，得理也应让人，这样，旅客就能感受到受尊重，从而“化干戈为玉帛”。

作为客运服务人员，首先要为旅客着想，不能从主观愿望去设想或要求旅客怎样，这样容易出现挑剔旅客、排斥旅客、冷落旅客、怠慢旅客的情形，不管旅客是什么身份，都要积极、主动、热情地接近对方，淡化彼此之间的冷漠和戒备，为服务打开方便之门。其次要学习和掌握服务技巧，处理问题时，语言表达应语气委婉、巧妙得体，尽量照顾旅客的面子，既解决了问题，又尊重了旅客。这样可以使旅客感到铁路的服务水平，展现了铁路的风貌。

第二节　客运服务的基本礼仪

一、仪容仪表

仪容仪表即人的外表，包括容貌、服饰、姿态、个人卫生等方面，是一个人精神面貌的外观体现。一个人的仪表往往与他的生活情调、思想品质、道德修养密切相关。客运服务人员应充分关注自己的仪容仪表，维护好自身形象，这不仅反映了个人的精神面貌，也代表了铁路企业的形象。

注重仪表美，首先应该认识到仪表美是自然美和修饰美的和谐统一，人的容貌、形体、姿态协调优美属于自然美，后天的修饰也是必不可少的。通过得体的服饰打扮、恰当的面容修饰、整洁美观的外形设计，才能具备仪表美。其次要强调内在美的重要作用，一个人缺乏文化修养、文明礼貌，那么外表美会显得肤浅、做作，缺乏深度和内涵。慧于中才能秀于外，所以要一个人要加强内在修养，提高审美情趣，才能真正具有仪表美。最后要注意仪表美应符合行业规范，不同行业、不同领域对仪表美的要求有各自的标准，例如战士的仪表要求就与舞蹈演员不同，铁路客运服务行业要求仪表端庄、举止大方、打扮得体、训练有素。

1. 容貌

（1）头发的修饰与卫生。

客运服务人员选择发型应与自己的年龄、脸型、身高、性别相称。在工作期间，女职工不披长发（长发可以使用颜色稍深、大方美观的发夹扎起来），头发不遮脸，刘海不遮眉，不染彩发，不戴花哨的头饰；男职工的头发应做到前不垂额、遮眉，后不触领，不留鬓角，不留长发或扎小辫子，不留过于新潮、怪异的发型，也不能染彩发或剃光头。

客运服务人员应注意头发的清洁。平时勤洗头，一般两天洗一次，避免头发有异味、头屑或过于油腻，每天适时梳理，避免头发凌乱。发质不好的职工要注意加强营养和护理，保持头发的健康和柔顺。

(2) 面部的修饰与卫生。

客运服务人员应保持面部皮肤健康，正确保养面部皮肤，注意清洁，每天早、中、晚洗脸，去除面部的油脂、灰尘，使自己容光焕发、清新自然。

客运女职工在工作时应施淡妆，不得浓妆艳抹，可以表现自己美的部位，保持美好的精神状态。男职工应将胡须剃净，常修剪鼻毛，保持面容整洁。

(3) 口腔、手部、身体卫生。

客运职工应注意口腔卫生，每天早晚刷牙、餐后漱口，消除口腔内的食物残渣，保持口气清新。班前忌饮酒，忌吃大葱、大蒜等气味浓烈的食物，注意消除口臭，必要时可嚼口香糖或含茶叶以消除异味。

手的清洁能反映一个人的卫生习惯。平时应勤洗手，保持双手清洁。经常修剪指甲，不留长指甲，上班不涂带色指甲油。

为保持身体卫生，应勤洗澡，勤换衣服，上班前避免剧烈运动。天气炎热时，应提前到岗，防止匆匆上岗带给旅客一身汗味。工作时最好不要使用香水，尤其要避免使用气味浓烈的香水。

客运服务人员上岗前，应细心在镜子前全面检查一次仪容卫生。在服务过程中，注意修饰妆容要避开他人，不可当着旅客的面梳头、化妆、修剪胡须等。这不仅是尊重旅客的需要，也体现了敬业爱岗的精神。

2. 服饰

铁路客运职工工作时应穿着统一制服，整洁大方，佩戴职业标志。铁路制服属于职业装，穿着要遵守以下原则：

（1）要干净清爽。穿职业装必须保持干净清爽的状态。上班时穿的制服特别容易被弄脏，要定期或不定期进行换洗，一旦发现弄脏，应尽快进行换洗。此外，与之配套的内衣、衬衫、袜子等也应勤换洗，皮鞋保持干净、光亮。

（2）要熨烫平整。穿着职业装，要整整齐齐，外观完好。由于职业装所采用的面料千差万别，并非所有的职业装都挺括悬垂，线条笔直，因此，在换洗职业装时必须将之熨烫平整。如果职业装皱皱巴巴、褶痕遍布，就会给人邋遢、消极、懒惰之感。此外，外衣口袋内不宜放入过多物品。

（3）要扣好纽扣。穿着职业装，要严守规矩。不可敞胸露怀，不系纽扣、领扣，给人散漫、自以为是的印象。系领带或领结时，要按规范系好。

（4）不卷不挽袖口、裤腿。穿着职业装，要有整体造型。在工作中，要尽量避免一些不雅的动作，如：高卷袖筒、高挽起裤腿等。

（5）要慎穿毛衫。职业装内慎穿厚的毛衣，毛衣宜薄而暖和；同时毛衣的领口不可露在职业装的外面，应穿低 V 字领的毛衣。穿毛衣时，领带应置于毛衣和衬衫之间。

（6）要巧配衬衣。职业装衬衣的搭配也相当重要。首先是衬衫颜色的搭配要与职业装相协调，一般白色最适宜搭配。其次，衬衫的花色要暗，不可凌乱，不可花哨。第三，穿着衬衫时要将下摆束入外裤内。

（7）注意鞋袜的穿着。一般穿深色皮鞋，配同色系的袜子。皮鞋保持干净、光亮，无破损。不穿钉子鞋、拖鞋，不赤足穿鞋。为了安全和舒适，女职工工作期间不宜穿高跟鞋。

3. 姿势

（1）站姿。

站立是人们日常交往中一种最基本的举止，更是服务人员最常用的工作姿势。站立不仅要挺拔，还要优美典雅，站姿是优美举止的基础。

① 标准的站姿：对站姿的要求是“站如松”。具体要求是：头正，双目平视，嘴唇微闭，下颌微收，面部平和自然；双肩放松，稍向下沉，身体有向上的感觉，呼吸自然；躯干挺直，收腹、挺胸、立腰；双臂放松，自然垂于体侧，手指自然弯曲；双腿并拢立直，膝、两脚跟靠紧，脚尖分开呈 V 字状，身体重心放在两脚中间。标准的站姿，不仅可以使人显得挺拔、精神，还可以帮助呼吸和血液循环，有利于身体健康。

② 对客服务的站姿要求：男职工站立服务时，可以双脚与肩同宽、分开站立，双手握于腹前、身后或自然下垂，体现男性阳刚之美。女职工站立时，双脚平行紧靠，也可呈 V 字或丁字，双膝并拢，将右手搭握在左手四指上放于腹前或身后，体现女性轻盈、典雅之美。要注意，无论是哪种站姿，都要脖子、躯干伸直，否则显得消极懒散，无精打采。

与旅客谈话时，应注意保持适当的距离，大约 60 厘米左右，过近过远都会显得失礼。为坐着的旅客服务时，应在旅客身边弯腰站立，面带笑容，此时身体直立也会显得傲慢无礼。在服务过程中，尽量面向旅客站立，回答旅客问话要站稳，不要边走边答，也不要一边做事一边回答。旅客到办公场所问事，要主动让座，没有座位时，必须站起来接待应答。

③ 站姿四忌：一忌身体歪斜，即站立时不得偏头、弯腰、驼背、肩斜、腿曲，这些都会影响线条美；二忌前伏后靠，在工作中不得伏在桌子上，也不应该倚墙靠柜；三忌动作过多，工作时不要有多余的小动作，如摆弄衣角、头发、双腿轮换站立、腿脚抖动等；四忌手脚位置不当，双手抱胸、叉腰、插袋，双脚间距过大、歪脚站立等。

（2）坐姿。

优雅的坐姿传递着自信、友好、热情的信息，能体现一个人的良好修养和对他人的尊重。

① 标准的坐姿：对坐姿的要求是“坐如钟”。具体要求是：从座位左侧入座，走到座位前转身，将右脚后移半步，轻稳坐下，坐下后最好占椅面的 3/4 左右。女子如穿着裙装，先用手轻抚裙的后摆，坐下后两腿自然弯曲、双膝并拢，上身保持正直，双手相握或平放在膝上，目平视，嘴微闭，面带笑容。端坐时间过久感觉疲劳时，可变换为侧坐，即向左或右摆 45°，双脚、双膝靠拢，手臂可轻靠于椅背上。

② 对客服务的坐姿要求：需要与旅客一起入座时，应请旅客先坐；服务中如果处于坐姿，身体要立直，面带微笑，交给旅客钱款车票等物品时，要轻轻递给对方，不得扔摔；与旅客交谈可以身体稍向前倾，态度诚恳，容易获得旅客的配合。

③ 坐姿四忌：一忌落座有声，入座应避免碰撞椅子发出噪

音；二忌前趴后仰，入座后头不应该靠在椅背上，上身不趴向前方或两侧，保持身体正直；三忌手位不当，入座后双手不应抱臂，不应将肘部支于桌上，也不应该将双手压在大腿下或夹在双腿之间；四忌腿脚动作不雅，坐下后要避免大腿分开过大、抖动、跷二郎腿、脚尖朝天、脚踏其他物品等。

（3）行姿。

行姿是站姿的延续动作，是在站姿的基础上展示人的动态美。无论是在日常生活中还是在社交场合，凡是协调稳健、轻松敏捷的步态都会给人以美感。正确的步态可以表现出一个人朝气蓬勃、积极向上的精神状态，呈现出一种健美的姿态，走路最能表现一个人的风度和活力。

① 标准的行姿：对行姿的要求是“行如风”。具体要求是：双目向前平视，微收下颌，面带微笑；双臂平稳，双肩前后自然摆动，摆幅以 30～35°为宜，双肩不要过于僵硬；上身挺直，头正挺胸，收腹，立腰，重心稍前倾；注意步位，两只脚的内侧落地时应走出两条平行直线；注意步幅适当，一般应该是前脚的脚跟与后脚的脚尖相距为一个脚长。行进时，要注意保持轻快的步速。

② 对客服务的行姿要求：服务中行走要注意步速，使旅客感到安定。走路过慢、东张西望，会显得懒散、漫不经心，降低工作效率，走路过快，风风火火，会使旅客产生紧张情绪，也会增加工作中的差错；多人行走时，不要排成一排或勾肩搭背。总之，男职工行走应刚健有力，女职工行走应轻盈、柔美。

③ 行走三忌：一忌步态不雅，走成“内八”“外八”字，或横向摇摆、蹦蹦跳跳，或手插裤袋都是不雅的姿势；二忌制造噪音，行走时脚步声过重或拖着鞋行走，都会发出令人厌烦的声

音；三忌不守秩序，行走时横冲直撞、与人抢道、阻挡通道等违反了公共秩序，妨碍了他人行走，也有损自身形象。

（4）蹲姿。

女性在公共场所拿取低处的物品或拾起落在地上的东西时，不妨使用下蹲和屈膝动作，可以避免弯上身和翘臀部；特别是穿裙子时，如不注意背后的上衣自然上提，露出臀部皮肉和内衣很不雅观。即使穿着长裤，两腿展开平衡下蹲，撅起臀部的姿态也不美观。

蹲姿的基本要领是，站在所取物品的旁边，蹲下屈膝去拿，不要低头，也不要弓背，要慢慢地把腰部低下；两腿合力支撑身体，掌握好身体的重心，臀部向下，速蹲速起。

下蹲时一般采用的姿势是：左脚在前，右脚稍后（不重叠），两腿靠紧向下蹲。左脚全脚着地，小腿基本垂直于地面，右脚脚跟提起，脚掌着地。右膝低于左膝，左膝内侧靠于左小腿内侧，形成左膝高右膝低的姿势，臀部向下，基本上以右腿支撑身体。从地上取物时，东张西望会让人产主猜疑。一边言谈、身体放松、弯腰曲背的姿势会影响人体外形美观。

如果物体位于你正前方，采用全蹲姿态会使你的正面形象看上去不美，也不便于取物。不能采用翘臀姿势取地上的物件，那样非常不雅观，如果是着短裙就更不雅了。简便的弯腰拾取姿势可能要比下蹲快速，但请注意两点：一是腿取半蹲的姿态：二是女性穿着低领上装时，一手可以护着胸口。

（5）手势。

手势是人际交往中运用较多的动作，包含着丰富的礼仪信息。恰当地运用手势能够起到良好的沟通作用，也有利于树立自己的美好形象。

客运服务中，手势的运用要规范和适度。介绍客人、引领客人、指引方向、清点人数等工作，都需要使用规范的手势。自我介绍时，应用右手掌轻按自己的左胸；谈到别人的时候，切不可用手指指点，清点旅客人数的时候应使用右手掌心向上来数；介绍他人、指引方向时，应掌心向上，手指自然并拢，以肘关节为轴指示目标，同时身体稍向前倾，当指明方向后作短暂停留，确认旅客看请后再将手放下，不要随便一挥手就立即放下。

使用手势要注意，一忌手势不敬：掌心向下、伸出手指指点、手持不相关的物品指引方向都是对人不敬的行为；二忌手势过多、过大：要注意动作的幅度，手舞足蹈、动作夸张也会引人反感，双手乱动、乱摸、乱举、乱扶、乱放或是咬指尖、折衣角、拍胳膊等手势，亦是应当禁止的；三忌乱用手势：要了解手势在不同国家和地区的含义，不懂各地风俗乱用手势，会引起客人的不满。

（6）表情。

① 目光。在人际交往中，特别是与别人进行面对面的谈话、谈判、讨论时，首先目光要注视对方，尤其要注意尽量平视对方。如果你的目光不注视对方或游走不定，对方就会觉得你态度冷淡、心不在焉、缺乏诚意和耐心，引起对方的误解。

在服务中，良好的目光应该是坦诚、亲切、和蔼、有神的，这样可以使自己富于魅力，也会给客人更多的信赖与美感。而漠然的、疲倦的、左顾右盼的目光则说明自己对他人的不重视；怀疑的、不安的目光则表现了对他人的不信任，至于冰冷的、轻蔑的、敌视的目光则是对他人极大的不尊重，这些不正确的目光在工作中是绝对应该注意和避免的。眼睛直勾勾地盯着对方看，或是上下打量，也很不礼貌，应该自然地与对方进行目光交流，以表示对他人的关注和尊重。而长时间盯着对方，则表示的是一种好奇和敌意，也是一种失礼行为。

② 微笑。微笑是指微露牙齿、嘴角的两端略提起的笑。人际交往中为了表示相互敬重，相互友好，保持微笑是必要的。微笑是一种健康、文明的举止，是无声的语言，是人际交往中的润滑剂，是人们表达愉快感情的自然流露，是善良、友好、赞美的象征。微笑同时也是服务人员的一项基本功，只要对工作、对客人怀有诚挚的感情，就会发出真心的微笑。微笑表现出的温暖和亲切，能有效地缩短双方的距离，给对方留下美好的心理感受，从而形成融洽的交往氛围。

微笑虽然是服务人员的一项基本功，但切不可流于形式，真正的微笑应发自内心，仅仅“为笑而笑”、“皮笑肉不笑”，对观者来说是可怕的。

也要注意到，微笑并不是什么时候都畅通无阻，比如在客人投诉或极度恼怒时，如果服务人员还只是一成不变地微笑，可能会让客人误以为你不以为然或是嘲笑他，从而火上浇油。因此，服务人员在微笑服务的同时，也要注意到在一些特殊场合，要给客人留下与之“同声同气”、“站在他那一边”的印象。

二、行为举止

客运服务工作中，要做到举止端庄、动作文明。

(1) 接待旅客要起立，迎接旅客应走在前面，送走旅客走在后面。与旅客相遇时要缓行、点头致意并主动侧身让路，不可与旅客抢道并行。在急速超越前面的旅客时不可跑步，要口头示意并致歉后再加紧步伐从旅客左侧超越。

（2）在旅客多的地方行走时，要先打招呼，不得硬挤硬撞。旅客给自己让路时，要表示谢意。

（3）夜间在卧铺车厢作业、行走、关门，动作要轻，不得喧哗。进包房要先敲门，经允许后方可进入；离开时，应面向旅客，退出包房。

（4）在办理补票、查验车票过程中，要双手或右手接递，切忌随手一扔。对老、弱、病、残及其他有困难的旅客要主动询问，热情关心，伸以援手。

（5）组织旅客上、下车时，不得强拉硬拽。清扫时，不得将清扫工具触碰旅客及其物品，需要移动旅客物品时，应事先征得旅客同意并对旅客的配合表示谢意。

（6）对旅客要一视同仁，不能怠慢任何旅客或厚此薄彼。遇有工作失误之处，应向旅客表示歉意，不得强词夺理。

（7）与旅客接触要热情大方，举止得体，但不得有过分亲热的举动，更不能做有损国格、人格的事情。

（8）旅客相互之间谈话时，不得在旁窥视、倾听或插话；不能对旅客的穿着、言谈、举止品头论足或讥讽嘲笑。

（9）在旅客面前不得衣冠不整、赤膊，蓬头垢面，睡眼惺忪。不得有打哈欠、挖鼻孔、抓耳挠腮、抽烟、吃零食等不雅行为。不得指点、推拉旅客，也不得随意搬动或翻动旅客行李物品。

三、服务语言

语言是社会交际的工具，是人们表达意愿、思想感情的媒介和符号。语言也是一个人道德情操、文化素养的反映。在与他人交往中，如果能做到言之有礼、谈吐文雅，就会给人留下良好的印象；相反，如果满嘴脏话，甚至恶语伤人，就会令人反感，甚至讨厌。

1. 服务语言使用的原则

（1）时间原则。

时间原则就是要求客运服务人员见到旅客时应主动使用礼貌服务语言，并贯穿客运服务的全部过程。

客运服务中，使用礼貌语言应成为客运服务人员主动自觉的行为，恰到好处的礼貌语言能表现出对旅客的亲切、友好和善意。客运服务时要做到“五声”，即宾客到来时的问候声、遇有宾客时的招呼声、得到协助时的致谢声、麻烦旅客时的致歉声、宾客离开时的道别声；杜绝“四语”，即不尊重宾客的蔑视语、缺乏耐心的烦躁语、自以为是的否定语、刁难他人的斗气语。使用服务语言必须口到、心到、意到，才能体现服务语言的交际、服务的功能。

（2）机智原则。

机智原则要求客运服务人员以诚实为前提，根据具体的对象和场合，灵活地运用服务语言。

客运服务人员运用服务语言接待旅客时，应该做到诚实为本，以实为先，以真为先。在此前提下，客运服务人员在使用服务语言要注意，在不同场合、对不同对象要察言观色、灵活机智，不可一概而论。语言表达应抓住重点，注意自己所运用的语言能否为旅客理解和接受，以便更好地开展工作。

（3）宽容原则。

宽容原则是指客运服务人员应将心比心，以宽容的态度、善意的语言接待旅客，处理客运工作中的各种情况。

客运人员要经常站在旅客的立场上考虑问题，这样才容易理解旅客。在客运服务中，友好的旅客你会容易以礼相待，但是也有少数旅客故意挑剔或者蛮不讲理，这要求客运人员坚持宽容礼让的原则，用真诚有礼的语言和辛勤的劳动去解决旅客的困难，感化旅客，矛盾才会消融；切不能恶语相向，扩大矛盾。

2. 客运服务人员常用文明用语

（1）“十字”文明用语。

您好、请、对不起、谢谢、再见。

（2）欢迎语。

欢迎您乘坐本次列车。

欢迎您来我站检查指导工作。

（3）问候语。

您好。

请坐，请用茶。

（4）告别语。

再见。

欢迎您再来。

祝您旅途愉快。

（5）称谓语。

各位旅客、货主。

先生，女士，小朋友。

同志。

(6) 征询语。

您有什么事情需要帮助吗?

您还有别的事情吗?

请您慢些讲。

我没听清您的话，您能再说一遍吗?

(7) 应答语。

不必客气。

没关系。

愿意为您服务。

这是我应该做的。

好的。

非常感谢。

(8) 道歉语。

实在对不起。

请原谅。

请不要介意。

让您久等了。

谢谢您的提醒。

总之，语言文明看似简单，但要真正做到并非易事。这就需要我们平时多加学习，加强修养，才能使我们的服务工作更好地进行开展，才能使我们中华民族“礼仪之邦”的优良传统得到进一步的发扬光大。

3. 正确使用服务语言

(1) 态度诚恳，举止恰当。

客运服务人员运用服务语言时，应该做到态度温和、诚恳，不能傲慢无礼，要通过言行、态度与旅客进行感情交流，做到以情动人、以理服人。俗话说“言为心声”，客运人员首先要注意说话的神情和态度。例如，当你向旅客表示慰问时，如果嘴上说得十分动听，而表情却是冷冰冰的，旅客一定认为你只是在敷衍而已，甚至产生不满和反感。所以，说话必须做到态度诚恳和亲切，才能使对方对你的说话产生表里一致的印象。

行为举止被称为人的“肢体语言”，是语言表达的另一种形式。行为举止恰当、恭敬，能向旅客表达友好、尊重的信息。与旅客说话，一般应保持站立的姿势，面带微笑，用友好的目光关注对方，在谈话过程中，可以通过点头和简短的提问及应和语，表示对旅客谈话的注意和兴趣，不要随意打断对方的谈话。

（2）口齿清晰，语音优美动听。

使用客运服务语言，要使用标准的语音，嗓音要动听，最好讲普通话，一般不讲本地方言，少数民族人数多的地区可以同时使用民族语言。接待外宾时尽量讲外语。无论讲普通话、外语、民族语，都要吐字清楚，尽可能讲得标准。

语调是一个人说话时的具体腔调，体现在语音的高低、轻重上。客运人员在说话时，应注意音量适中，以旅客听清楚为宜。切忌大声说话，语惊四座，也要避免音量过小，旅客听着困难，感觉沉闷。此外，语调应婉转动听、抑扬顿挫、富有情感，使旅客体会到服务人员的大方气质和友好感情。客运人员讲话还应该注意语速，过快会使听的人紧张厌烦，过慢又会使人焦虑，适中的语速能创造一种和谐、安定的气氛。

（3）用语文雅，合乎规范。

选择说话的词语非常重要，表达同一种意思时，由于选择词语的不同，会给人留下不同的感受。如称呼对方为“您”、“先生”、“小姐”等；以“贵姓”代替“你姓什么”，以“用饭”代替“要饭”，以“洗手间”代替“厕所”。多用敬语、谦语和文雅用语，能体现出一个人的文化素养以及尊重他人的良好品德。

选择用语时应回避粗俗不雅的用语，不讲粗话，不讲脏话，不讲怪话。骂人的话、带有恶意的话最伤人，即使旅客有无礼在先，都不能使用。客运人员谈吐应文雅得体，切忌讲一些庸俗、低级、下流的话，以免有损形象，引起旅客不满。客运人员在工作中要尊重旅客，讲究职业道德，不能将个人委屈、不满向旅客发泄，满腹牢骚，乱讲怪话，或指桑骂槐，都是违背客运服务宗旨的行为。

（4）表达简练，通俗易懂。

服务用语的表达要简单明了，使旅客容易理解、明白。说话啰唆、拐弯抹角，不仅不能讲清用意，还会浪费旅客时间；尽量不用模糊语言，如“或许”、“大概”、“可能”等；语言表达要做到言简意赅，就应该加强学习，重视日常词语的积累，提高文化水平。

客运人员对客服务时，应根据旅客的水平和需要选择通俗易懂的语言，使对方明白；与旅客交通注意只讲与服务工作有关的内容，不要东拉西扯、家长里短，更不能询问人家的私事，不得随意打听其年龄、婚姻、收入、地址、经历、工作、信仰、身体状况等。谈话时也要避免长时间与某一位旅客交谈，以免冷落其他人。

（5）注重效果，讲究语言艺术。

客运服务人员运用礼貌语言时，要避免生搬硬套、机械使用，服务礼貌用语是文雅、规范的，同时也应该是生动、丰富的。服务人员应在岗位规范的基础上，根据不同的时间、对象、场合灵活运用恰当得体的语言，使旅客感觉新鲜和亲切，收到良好的服务效果。

客运服务人员每天与旅客打交道，虽然要求树立“旅客永远是对的”服务理念，但是实际上，旅客并不永远是对的，工作中难免会与旅客产生矛盾，遇到旅客的刁难。这时候，应该在服务态度上、服务语言上礼让旅客，使用巧妙得体的语言感化旅客、解决问题。婉转巧妙的语言是服务技巧的重要组成部分，是影响服务质量的关键环节。客运人员要在思想上重视，加强日常练习，在练习中摸索经验，再通过实践的磨炼，服务用语的运用才能自然、恰当、得体。

第三节　涉外服务礼仪

近年来，随着国际交往频率不断增加，交往范围不断扩大，与各国之间的友好往来、文化交流和经济合作日渐增多，加之旅游事业的发展，来我国参观、访问、讲学、旅游的外宾越来越多，铁路旅客列车服务对象中也出现了越来越多的西方旅客，做好对他们的运输和服务工作，体现了党和国家的外事政策，对于增进与各国人民的友谊、增加外汇收入、促进国家建设，有着十分重要的意义。因此，了解基本的西方礼仪特点，不但可以有针对性地进行服务，而且还可以提升我国铁路的良好企业形象，展示我国礼仪之邦的良好风范。目前，列车上的国外旅客群主要是区域性的商务旅行和旅游团队及个人。

一、西方礼仪特点

1. 崇尚个性自由，强调独立

古希腊罗马文明形成于海岛、半岛的自然环境中，这种地理环境一方面促使了对外贸易的发展，另一方面它借助地理优越条件直接汲取了古代东方文明（古埃及、希伯来文明），并选择了有利于社会发展的民主的城邦制。希腊罗马文明赖以产生的社会文化自然条件，又反过来铸成了希腊罗马人外向型性格，决定了他们对于开拓冒险精神的尊崇和对人的个体价值的尊重。与此同时，古希腊哲学家对宇宙现象、对人性本质的执著探求，使西方哲学形成的主客体分离、对立的本体论和对形式上精神世界执著探求的认识论传统。而在其间融入的希伯来宗教文化中，上帝取代或驱逐了诸神，所有自然现象都被去掉了超自然的特质，所有人都是上帝的臣民。这种文化客观上又为西方科学观念、自由民主精神提供了思想条件。这诸多因素综合作用导致了以肯定人性自由、肯定自我创造价值为内涵的西方人文精神的诞生。在此基础上的西方礼仪自然具有独立、自由的精神内核。所以，西方人崇尚独立自主，强调自我意识，不希望别人干涉自己的私事，个人的隐私至高无上，即使是亲朋之间也要尊重对方的隐私。寒暄时西方人不喜欢被问及年龄、婚姻状况，更不喜欢被问及收入情况。问候方式常常是中性、抽象的打招呼，或者是谈论有关天气或一些热门赛事之类。

西方的老人不服老，他们从不愿意承认自己年老体衰需要人照顾。乘车时．除非确实需要，一般不接受别人让的座位，甚至有时候会因为你让了他座位而生气。家人聚会时，一般也不考虑谁先落座，谁后落座，坐哪个座位。满屋子人，各人自择座位。一家三代人出行，也并没有长辈在前在后的问题，各人任意。

2. 惜时如金

西方人办事重效率，往往每天都有严格的计划，很重视时间，强调守时。与西方人见面要提前预约。赴约要准时，不得提前或迟到，否则被认为不可信任。

3. 自由、平等、开放

西方文化崇尚契约精神，最早可上溯到古代希腊。古希腊的思想家不像中国古代哲人用天道来说明和规范社会人道，而是用契约来解释人类社会规范。在基督教的文化中人与人是平等的，从圣经上来解释，由于所有的人都是亚当、夏娃的后代，都是上帝的子女，因此无论贫富贵贱，生来平等。十八世纪资产阶级民主启蒙运动更是提出“自由、平等、博爱”的人文精神，现代西方文明就是以资产阶级民主主义思想作为基础的。因此，在西方礼仪中，没有东方礼仪的等级观念。

二、东方礼仪与西方礼仪的差异

由于各国的历史与文化底蕴不同，各国人民在进行礼尚往来时的习惯存在不少差异。特别是中、西方之间，礼仪差别很大，因为不了解这些差异而产生的误会和笑话并不少见。比如，中国传统的礼仪是晚辈对长辈叩首请安，平辈中拱手作揖或打千问安，现代礼仪则是握手问好。西方人则是握手、拥抱亲吻。每个民族都有不同于其他民族的社会礼仪，这种礼仪存在于社会的各个领域，人们的言行无不受到它的制约。中西方礼仪的差异主要表现在以下几个方面：

1. 问候

中国人在相见时打招呼，常说“吃饭了吗?”“去上班啊?”“上哪啊?”等，其实并不是在询问对方是否已经吃过饭、是不是去上班，也无所谓对方去哪里，只是表示“你好”的含义，体现了人与人之间的一种亲切感。而在西方人听来，这些打招呼的方式会令对方感到突然、尴尬，甚至不快，因为西方人会把这种问候理解为盘问，认为你侵犯了他的隐私权。在他们看来，见面打招呼只说一声“Hello”或者“早上好”、“下午好”、“晚上好”就可以了。

西方人见面互相问候除了常说你好外，也可以谈论天气。如英国人见面说：“今天天气不错啊！”因为英国终年受西风带影响，气候无常，就连天气预报也不准确，因此人们最关心天气。也或者谈近况，但只限于泛泛而谈，不涉及隐私，如“最近好吗?”、“很久不见了”等。

2. 称呼

在中国，只有彼此之间比较熟悉的人们才可以直呼其名。在传统家庭中，必须分清楚辈分、老幼关系，否则就是不分长幼尊卑，是不礼貌的表现。在家庭关系之外，有职务的人很喜欢被称为“李局长”、“王处长”、“张经理”、“王总”等等，因为这是身份与地位的象征。就是与不熟悉的人打交道，也要称呼对方为“李老师”、“王师傅”，长者要称呼“大爷”、“大妈”、“大叔”“、大婶”或者“阿姨”之类，以表示尊重之意。

在西方，直呼其名应用的范围非常广泛，似乎“不拘礼节”，习惯这种对等式称呼。人们也很少用正式的头衔称呼别人，从来不用行政职务如局长、经理、校长等头衔来称呼别人，只有几个传统称呼——博士、医生、法官、教授等一直沿用。家庭成员之间，一般可以互称姓名或昵称，都可以直接叫爸爸、妈妈的名字。对所有男性长辈都可以称“uncle”，对所有女性长辈都可以称“aunt”。在正式场合，一般用 Sir（先生）或 Mr. ××、Mrs. ××来称呼。

有些问候在中国是合乎礼节的，而在西方是不被采用的。比如我们喜欢称呼自己的妻子、丈夫为“爱人”，可是如果问西方人“你的爱人好吗?”他一定会非常生气，因为在西方人的观念里，“爱人”就是情人、第三者的含义。

3. 谦语

在礼仪交往中，中国人以谦虚和自谦为美德。如称自己为“鄙人”，称自己家为“寒舍”。当向人赠送礼物时，中国人喜欢说“一点小意思”、“不成敬意”等。但如果对西方人这样说，则容易造成误解。因为西方人比较坦率直爽，他们会以为你真的把很差劲的东西送给他做礼物。在中国人家中宴请客人时，主人常对客人说“不好意思，没什么好招待您的。”但西方人听了就不理解了，明明是满满一桌丰盛的菜肴，怎么说没好吃的呢？造成这样的误解也是双方由于对对方的风俗习惯不了解造成的。

4. 女士优先

在中国文化中，男性往往受到重视，这主要是受封建礼教“男尊女卑”观念的影响。在中国封建社会的宗法礼制里，女性生活在社会的底层，在传统礼仪中女性的地位很低。比如，称呼自己的妻子为“拙妻”、“贱内”等。在现代社会，虽然也主张男女平等，但是在许多时候，男人的地位较女性仍然具有优越性，女性仍然没有得到广泛的尊重。

在西方，尊重妇女，是欧美国家的传统习俗，所谓“Lady First”，即“女士优先”已经成为西方国家交际中的原则之一。无论何种场合，男士都要照顾女士。比如与女士步行时，男士应该走在马路靠车危险的那一边；入座时男士应先请女士坐下；上下电梯时，男士应让女士走在前边；进门时，男士应先把门打开，请女士先进；下车下楼时，男士却应走在前边，以便照顾女士等等。

中西方文化的不同导致礼仪上的差异还有很多，比如商务礼仪、服饰礼仪、餐饮礼仪等，还需要我们加强学习，进一步掌握交往外宾的礼仪习惯，提高礼仪意识。这不仅是对对方的尊重，也体现了自己的修养，为自己带来了人际交往的方便，在现代社会的多方竞争中获得主动、赢得机会。

三、涉外服务中的礼仪禁忌

禁忌是世界各民族共有的社会现象，民族不同，禁忌的内容和形式也就不同。国外礼仪禁忌主要有：

(1) 英美等西方国家禁忌的数字是13，因为在《最后的晚餐》上，耶稣的第13个门徒犹大出卖了他，所以13在西方是个主凶的数字。因此，宾馆里没有13号房间，重要的活动避开13日。星期五也是不吉利的日子，因为它是耶稣的受难日，据说亚当和夏娃是在星期五偷吃禁果而被逐出伊甸园的。如果13号与星期五相遇更加忌讳，这一天许多人宁愿待在家里不出门。

(2) 西方人忌讳四个人交叉握手，或在公共场合进行交叉谈话，也忌讳连续为三个人点烟。这些行为会使人感觉受到冷落，或不受重视。

(3) 在社交场合，西方人忌讳谈到政治信仰、男人的收入、女人的年龄、婚姻等情况，他们会觉得隐私受到侵犯。

(4) 涉外服务中送花的禁忌很多，如德国人不宜随便以玫瑰和蔷薇送人，因为前者表示求爱，后者专用于悼亡；法国人大多喜爱蓝色、白色和红色的花，忌讳黄色和墨绿色，故菊花、杜鹃、水仙、金盏花一般不宜随便送人；印度人，忌以荷花作馈赠品；在欧洲，人们以花为礼时，除生日与命名日之外，一般忌用白色鲜花。

(5) 伊斯兰教徒忌讳谈论猪、忌吃猪肉、猪油；印度人不吃黄牛肉，忌讳用牛皮制品，认为牛是神圣的东西，也不吃猪肉；崇拜蛇，视杀蛇为触犯神灵；天主教徒每次进餐前都要祷告；佛教喇嘛不吸烟、不饮酒，餐前念经。

(6) 印度、印度尼西亚、马里等阿拉伯国家不能用左手接触或传递物品，认为左手是擦屁股用的，只有右手才能做这些事情。印度还忌讳白色，习惯用百合花作悼念品。他们忌讳弯月图案，视 1、3、7 为不吉祥数字，和印度人交谈，要回避有关宗教矛盾、和巴基斯坦的关系、工资以及两性关系的话题。

(7) 和俄罗斯人说话，要坦诚相见，不能在背后议论其他人，更不能说他们小气，对妇女要十分尊重，忌问年龄和服饰价格等。

(8) 在欧美，对长者、女子或生人，忌主动而随便地握手；在行进中，忌醉步摇斜、随地吐痰或乱扔废物；与女子对坐，切忌吸烟；会见客人时，忌坐姿歪斜和小动作，忌看表询问时间等。

四、涉外旅客服务

1. 涉外服务人员须知

（1）忠于祖国，发扬爱国主义精神，坚决维护国家主权和利益，坚决维护民族尊严，不做任何不利于祖国利益的事，不说任何不利于祖国尊严的话。

（2）严格执行党的外事方针、政策，坚持无产阶级国际主义，站稳立场，坚持原则，严守国家机密，严格执行保密规定。

（3）不背着组织与外国机构和外国人私自交往，不得利用职权和工作关系牟取私利，反对各种不良倾向和不正之风。

（4）谦虚谨慎，不卑不亢，讲究文明礼貌。

（5）发扬艰苦朴素的优良传统，坚持勤俭办事的原则，反对铺张浪费。

2. 涉外服务人员要求

（1）熟悉有关客运规章，掌握外语。

列车员应熟悉在履行乘务职责时所必需的现行国际旅客联运和国内旅客运输规章及运价规程，还应熟悉并遵守有关客运乘务的法规和指示；在他国铁路上，列车员应遵守该国海关、护照、货币方面的一般规定，遵守运行路的铁路行车规章和细则。

担当国际联运旅客列车乘务的列车工作人员，还应掌握本职范围内的至少一门外语，如俄文、德文、朝鲜文，以便向旅客介绍乘车注意事项。

（2）服从列车长的领导。

列车长应对列车负责，列车长有权向列车员下达指示，列车员应结合自己的工作执行上述指示。

（3）着装、举止行为规范，文明礼貌地提供服务。

列车员值乘时应着规定的制服，有礼貌并时刻准备提供服务。禁止列车员向旅客出售自购商品，不得向外宾索取小费，不得对某些旅客给予特别的优待，严禁旅客在场时吸烟和当班时喝酒。

3. 列车接待服务

（1）列车长接到成批外宾或外国贵宾乘车通知时，应及时布置软硬卧车厢列车员，及时做好包房及组位安排及一切准备工作。安排卧铺时，应坚持买什么票、坐什么车，根据车票票面记载的事项安置，不要随意调整座别、铺别；临时安排铺位的，通过陪同人员按不同国籍、不同性别分开落位，来自不同社会制度国家的外宾尽可能不要安排在一起，调整铺位时最好征求外宾的同意。

（2）生活供应方面，应根据他们的要求，满足他们的需要。列车长要及时通知餐车长、厨师准备好餐料、备品并亲自检查落实。餐车长亲自接待外宾就餐，安排不同国籍、不同宗教信仰的外宾分桌就餐，按照国家规定收取餐费。餐料宜专用，饮食专人制作，注意菜肴质量，多备啤酒、饮料；开餐前做好一切食品、餐具、环境卫生，以及摆台、插花、四味架、餐巾、牙签等准备工作，餐车茶炉准备好开水；按约定时间按时开餐，讲究信用。

如果外宾是中途上车，估计餐料不足或缺乏西餐餐料时，应计算好所需餐料品种、数量，由列车长及时向列车前方客运段或车站拍发请求支援的电报。

（3）应保障外宾人身、财产安全和他们的正常活动。列车长应及时联系乘警加强治安防范，检车人员要保证设备的完整和正常使用，列车员要加强门岗，列车运行中加强车内巡视，停站时及时锁好端门。外宾就餐和下车散步，要锁好包厢门，外宾返回房间要及时开门；外宾下车后必须及时认真清理房间和座位，发现外宾遗失物品及时交还，不能及时交还的由列车长编制客运记录交站处理。列车长还应通知司机平稳操纵，运转车长应注意了望，保证安全。

（4）注意与外宾交往的礼节，文明服务。列车乘务人员衣着整洁、庄重，做到有礼有节、不卑不亢。与外宾谈话时，坐、立要端正，举止大方，眼睛平视对方，不要左顾右盼，认真倾听，不能随意打断对方的话，也不要看表和问时间，以免引起对方的误会。对外宾提出的要求，不要轻易许诺，应许之事一定要办到。外宾相互之间谈话，不要趋前旁听，要尊重外宾的风俗习惯和宗教信仰。与外宾交往尤其要注意不要接触对方身体，如拍肩、打手、推身、踩脚等，也不要触碰旅客物品，随便翻看别人的物品是粗野、缺乏教养的行为。对服饰、举止特殊的外宾，不得议论、嘲笑、评论和模仿，要多一点文明修养，少一点好奇心。

（5）对外宾乘坐的车厢，应加强卫生整容工作。卫生清扫应在旅客离开包房时进行，以减少对他们的干扰。需要当面服务时，注意个人和清扫工具的卫生，尽量不要吸烟，不能随地吐痰，保持车厢的清洁卫生。

为外宾服务过程中，如遇到一些复杂事项和意外情况，列车员必须请示报告，不得擅自处理。

随着我国改革开放事业的不断深入以及旅游业的稳步发展，来我国的外宾日益增多。其中民间往来、自费游所占的比例越来越大。许多自费旅游者无人陪同，语言不通，购票、乘车、饮食等都有不便之处。列车乘务人员（包括列车长、软硬卧列车员、餐车服务人员、广播员等）应学习一些简单的常用外语会话，如英语、日语、俄语等，以便能准确解答旅客问讯，解除外宾旅途的忧虑。同时，了解一些外国风土人情和饮食习惯，也有利于更好地为外籍旅客服务，提高铁路客运的服务质量。

第四节 客流高峰期的旅客服务

目前，我国铁路旅客运输能力处于繁忙、紧张的局面，尤其是在春运、暑运期间，列车超员的现象非常普遍。很多旅客列车车内拥挤、空气污浊、卫生堪忧，旅客乘车环境较差，突发事件时有发生。为了保证旅客运输安全，提高旅客运输服务质量，不仅要加大旅客运输组织工作，列车工作人员还要付出更为艰苦的劳动，才能按期、保质地完成旅客运输任务。

一、春节旅客服务

春节是我国人民的传统节日，春节期间，探亲访友、家人团聚，千家万户共享天伦之乐。春运，是客运部门一年中最重要、最忙碌的工作。春运工作的特点，一是客流量大，二是天气冷，三是交路紧。做好春运服务，对于客运干部和乘务人员是一场严峻的考验。

春运客流的主要组成是职工探亲流、学生和民工流，他们都有一个共同的心理，就是在有限的时间内，节前尽快飞向家园，节后算好时间奔赴工作岗位。客流来得快、来得猛，比平时增长50%以上，有的地段甚至增长数倍。改革开放多年，经济搞活，流通增加，由于地区间经济发展的不均衡，内地农村的许多农民为了发家致富，结伴搭伙到外面闯世界，成千上万地涌向沿海城市和经济发达地区打工，形成规模强大的“民工潮”。“民工潮”的形成，对促进贫困地区经济的发展、消除城乡差别，起到了积极作用。加上近十年大学扩招，学生流的增长也很迅猛，这些，对于本来吃紧的铁路春节运输带来了空前的压力。民工乘车，有的在计划之内，有的带有盲目性，难以摸清规律。因此春节运输首先是安排运能，除了要为正常的探亲流、学生流增挂车辆、加开临客外，还有密切关注“民工潮”，加强春节敏感返乡的调查，及时开行图外临客，增设民工售票专窗，以尽快疏散客流，减少滞留旅客，保证广大旅客走得了，走得安全。

春运正值数九寒天，是一年最冷的时节。因为加开大量临客，需要加班套跑；有的值乘交路延长，这样乘务员一次出乘要几个昼夜，顶风冒雪站门岗，要照顾旅客安全，还要做好服务和清洁卫生，工作和生活条件都很艰苦。所以，全体乘务员必须树立信心，正视困难，努力工作，出色完成春运任务。

1. 安全管理

安全是春运工作的第一条。保证安全，首先要加强车门管理，严格门岗作业坚持“停开、动关锁、出站台四门检查瞭望”的制度；其次加强危险品检查，通过广播宣传、各车厢乘务员在旅客上车时把关以及在车厢集中查堵等措施，保证列车安全；第三要加强“两炉一灶一电”的管理，确保用火用电安全。

保证旅客安全，维护旅客乘降秩序非常重要。乘务员对不同类型的门锁要熟悉，出库前认真检查，到站早作准备，试开车门。每次列车启动后，应将站在车门口的长途旅客往车厢里面疏导，到达中途站时提醒要下车提前向车门处移动。提早通报站名，防止发生旅客越站。停车后，组织旅客先下后上，下车一条线，上车两边分，避免上不去下不来，造成列车晚点。列车长和乘警应在旅客最多的几节车厢门口帮助维持秩序，遇有突发情况立即处理。

2. 旅客服务

春运人多、天气冷，做好旅客服务主要的任务是以下两点：

(1) 尽量让每位旅客喝上开水、吃上热饭热菜。出乘前，准备好充足的餐料；开餐时，将大筐装满盒饭，请旅客帮助传递，或利用停站较长时间的机会，组织乘警、茶水员、锅炉工协助餐车服务员，将送饭车、饭筐等装满盒饭，一到停站，立即抓紧时间，全力以赴，送往离餐车较远的车厢，想尽一切办法解决旅客吃饭的问题。每到上水站，茶水员和卧铺车列车员、餐车炊事员应协助站方上好水，按照操作规程及时烧好开水锅炉，配置了电茶炉的应保持正常使用，保证旅客随时喝上开水。

(2) 烧好暖气，保证旅客不受冻。除空调车采用电热取暖外，非空调车仍然使用燃煤炉取暖，春运加开的临时旅客列车多数是非空调车。每到冬季，各客运段要配备专职锅炉工上车，上车之前，必须经过培训、考试，取得合格证后方可上岗正式操作。按照规定，冬季车内温度低于16℃就应供暖。首先要保证在库内上足煤，途中不够烧时，要联系中途站补煤。燃烧时，要密切注意焚火情况，保持车内适宜的温度。为保证安全，锅炉间门口和地面不得堆放散煤（装在专用铁箱内），操作前，确认锅炉充满水；途中定时补水，防止锅炉干烧；到终点站车底入库，要将锅炉、管路中的残水全部排掉，打开排水阀，避免冻车。

二、其他节假日旅客服务

除春节以外，节假日还有暑假、元旦、五一、十一和我国农历传统小节日。这些时期旅客运输的特点是：客流大、高峰相对集中。运能安排采取预约订票、增挂车辆、加开临客等措施。服务工作要求热情周到，确保安全，做好餐茶供应，让广大旅客满意。

1. 暑期旅客服务

暑期客运服务的对象主要是学生客流和旅游团体。随着大学的扩招和旅游业的兴旺，暑期旅客运输需求日趋旺盛，这些客流计划性强，旅客思想活跃、文化层次高，服务要求也高。

每年暑期，各大专院校学生和部分教师回家度假、探亲访友，或深入企业、农村做社会调查，进行理论与实践相结合的研究。车站可采取上门售票、增设学生售票专窗，扩大预售期、延长售票时间、发售学生往返票等一系列措施，使学生放假能及时乘车回家，开学能计划日期返校。暑期是旅游的黄金季节，我国幅员辽阔，许多名山大川、河湖港湾、森林公园风光秀丽，令人陶醉、流连忘返，同时气候凉爽，是避暑胜地。来自世界各地的游客、国内组织的各种考察团、旅游团和疗养团边游览、边考察、避暑消夏。这些客流一般预约订票或包车、或专列，是应当优先保证的乘车对象。

针对上述客流特点，做好暑期客运服务工作，主要从以下几方面努力：

(1) 暑期降温和开水供应。

暑期天气较热，特别是南方地区，烈日炎炎，酷热难当。许多旅客虽是为避暑而旅游，但列车不是天然避暑之处。乘务人员应设法为旅客提供凉爽的乘车条件。首先，空调、电扇等设备要保持完好状态，开车前先预冷，中途注意随时调节温度，让人感到舒适；其次，要配合各上水站上好冷水，列车烧好开水，做到不间断供应；第三，餐车可制作一些冷饮，如冰块、冰淇淋、冰西瓜、绿豆汁等，供旅客选用；最后，列车出发前准备一些防暑药品，如仁丹、清凉油、藿香正气水、风油精、十滴水等，以备急用。旅客发生中暑，应立即施救。

(2) 餐饮供应。

根据乘车旅客的特点，可预约包餐，结合点菜或盒饭的方式供应。餐车可制作地方风味菜、特色菜和汤菜、点心类，开办夜宵，讲究服务艺术，提高烹饪水平。同时，提高一些土特副食供应，满足旅客不同需求。

(3) 广播宣传。

无论是学生还是旅游团体，文化素质较高、思想活跃、爱好广泛，列车广播应针对这些特点，充分发挥作用。除正常的业务通告之外，多宣传我国改革开放、经济发展的伟大成就，宣传铁路发展科技，介绍旅途风光、旅游景点和各地旅游设施，向旅客推荐精品旅客线路，增加音乐、曲艺、戏曲节目的内容，丰富他们的旅途生活。形式上可采取专题、导播、对话、点播等，以活跃车厢气氛，给旅客旅行生活留下美好的记忆。

2. 其他节假日旅客服务

(1) 国家法定节日，元旦、春节、清明、五一、端午、十

一、中秋等，其中春节和国庆节的假期较长，有一周；其他一般为三天，这期间旅客出门非常集中。

(2) 双休日，我国实行每周工作 40 小时工作制，大多数单位都在周六、周日休息。对家在不远的外地人来说，是回家探亲的日子；对喜爱出门休闲、踏青的人来说，两天的出行可以充分放松自己。

(3) 少数民族节日，如广西壮族“三月三”歌会、云南傣族泼水节、穆斯林“古尔邦”节、藏族的藏历新年和雪顿节等。

做好这些特点时期的旅客服务，要摸清客流特点和增长规律，要认真研究旅客的心理和兴趣爱好。可以根据节日的性质、民族民俗，有针对性地做好服务、卫生、餐饮、广播等多项工作，还可以通过出售节日商品、装扮车厢、开展趣味活动等方式来增添节日喜庆，愉悦旅客的心情。

三、长途旅客列车和超员情况下的旅客服务

长途旅客列车是指运行距离 1 500 km 以上或运行时间一昼夜以上的列车。除直达特快列车以外，途中各主要车站都有旅客上下，但从始发局到终点局的旅客约占四分之一左右，这部分旅客即为长途旅客。长途旅客，特别是老、幼、病、残、孕等重点旅客是列车服务的基本对象。

长途旅客由于“吃住行”都在车上，对列车环境、旅行生活条件比较关心。他们需要了解列车运行的具体时分、达到沿途各大站的时间及停站时分、到站或主要中转站换乘列车或其他交通工具的衔接时间、旅馆饭店介绍、列车用餐安排等等。列车广播要详细介绍有关情况，列车员要加强卫生和车容整理，主动服

务，通过座位访问，了解长途旅客有什么困难和需要，尽量设法解决。

长途旅客列车和超员情况下的旅客服务，主要是做好以下两方面的工作：

1. 旅客安全

除正常的安全注意事项以外，对长途旅客安全要特别注意以下几点：

(1) 长途旅客长时间乘车容易疲劳，下肢甚至发生水肿。因此，每到大站，他们常常下车散步，活动关节、呼吸新鲜空气，或购买商品。列车员应及时提醒旅客掌握时间，听到开车铃响马上上车，防止漏乘。遇有旅客来不及上车的，车开动后，千万不能让旅客追车、趴车，以免发生意外。列车员返回车厢后要及时清点旅客遗留物品，到达前方站及时转交。

(2) 要提醒长途旅客注意看管自己的行李物品，特别是硬座车，来往旅客很多，每逢停站，要防止匆忙之中拿错别人的东西；下车购物要保管好自己的钱包和贵重物品，人多拥挤或夜间打盹时要防止被盗；有的旅客带的财物较多，总担心丢失或被盗，精神高度紧张，甚至精神失常、行为失控。列车员要通过察言观色，掌握这些旅客的动向，适当做一些安慰工作，镇静他们的情绪。

(3) 节假日期间，列车容易超员，热门车或沿途旅游景点多的列车更容易超员。列车超员说明铁路运能不足，尽管通过加挂车辆或加开临客补充了运能，但是临时性、区段性的超员还是难以避免。列车超员，人多拥挤，有时连挪开脚步都很困难，用餐、喝水、如厕都不方便。因此，旅客心情烦躁、脾气来得快，对乘车环境充满怨气。每到停站，站上的旅客急着上车，车上的旅客也不愿意在拥挤的车厢内增加更多的旅客，这时要防止因趴车、吊车而发生的坠车事故，列车员要协助车站劝阻旅客不要盲目抢上，保证安全。

（4）列车停站，旅客上车人数较多时，列车员要注意观察客车转向架上的客车弹簧是否被压死，或者相连车钩中心水平线高差是否超过 75 mm。如有发现，不得发车，尽快向列车长报告。列车长应会同车站疏散旅客，使车辆恢复正常，方能运行。

（5）在列车超员、车内盗窃事件频仍的区段，列车可适当增派警力，加强治安管理，保证旅客人身财产安全。

2. 旅客服务

除按正常的旅客列车给予旅客全面周到的服务以外，长途旅客列车的旅客服务应注意以下方面：

（1）旅客乘车时间一长，容易产生烦躁心理。乘坐卧铺的旅客休息条件较好，旅行生活有一定规律；团体旅客或数人结伴而行的旅客，相互之间可以聊天、打牌、下棋，旅行生活也比较充实。单个旅行者，特别是性格内向、不善交际的人，来到陌生的环境，听到列车车轮发出单调的“哐当”声，会感到寂寞、郁闷，对周围的人和事容易着急上火。根据这种心理，列车工作人员应努力为旅客营造一个和谐、轻松的旅行环境。列车员可以利用送水、清扫车厢卫生、整理行李物品、做访谈等机会，征求旅客意见，说说宽心的话，化解旅客的不良情绪。

（2）列车超员，要充分发挥广播的作用。广播宣传不宜长篇大论，不宜长时间播放打击、摇滚、DJ 之类的嘈杂节目，以播放轻音乐为主，适当播放相声、抒情歌曲之类的节目，宣传文明乘车，提倡挤座、让座，调节旅客情绪、活跃车内气氛。还可以利用广播组织旅客开展猜谜语、科普游艺等活动。

（3）旅客之间因人多拥挤发生纠纷或争抢座位时，列车员应耐心做好劝解工作，首先解释列车超员的原因，求得旅客的理解；其次，宣传“礼为先、和为贵”的道理，动员旅客之间相互谦让，或想办法解决旅客困难，达到和解的目的。

（4）开展列车延伸服务，满足旅客多方需求。主要有：

① 成立列车巡回服务小分队。列车长组织休班乘务员，利用安检、查票的机会，或专门到车厢探访重点旅客，进行重点服务。为旅客提供洗漱用品、图书、报纸、针线、纸笔信封等物品，以应旅客急需。

② 旅客急救。列车可指派列车员学习一些急救知识，如心肺复苏、包扎、接生、针灸、常见急症的抢救等，医药箱按规定配齐常用药品和医疗器具。遇有旅客中暑、外伤、临产、突发心脏病等情况时，有专业医护人员处理的可以充当助手，没有医护人员在场时可以做应急处理，以减少旅客痛苦，争取治疗时间。

③ 为旅客代办事项。旅客乘车时间较长，有可能需要发电报、写信或打电话，列车可想办法帮助代办，通过邮政车或联系车站解决，对旅游列车和高等级列车应安装车载电话。有的旅客手机或手提电脑需要充电，应到有充电装置的车厢充电。

④ 餐车供应多样化。夜间提供夜宵，如点心、卤菜、酒类；夏季供应冷饮，方便旅客利用夜间时间谈工作、谈生意、叙友情，品尝风味小吃，丰富旅途生活。

⑤ 节日活动。遇到特别的节日，如大年三十除夕夜，旅客不多时，在保证安全的前提下，列车可以在餐车组织旅客联欢，

举行唱歌、跳舞、猜灯谜、说相声等节目，也可以组织棋、牌竞赛，增添节日气氛，减轻旅客在车上过年的落寞感、思乡情。

⑥ 旅客中转事项。列车可与终点站和中途大站的交通、旅行部门签订合同，在列车上为需要的旅客办理住宿、游览、车船机票的代办服务，使初次出门办事的旅客早些安心、经常出门的旅客节省办事时间。

第五章 客运列车长工作

列车长是旅客列车的行政负责人，是直接为旅客服务的组织和指挥者。列车长对内代表组织，对旅客代表铁路，必须具有高度的工作责任感和事业心，热爱本职工作，牢固树立全心全意为人民服务的宗旨，努力学习政治、业务知识，不断提高自身素质，严格执行各项规章制度，以身作则，当好表率.

列车长的任务，就是领导全组乘务人员妥善照顾旅客的上下车、乘坐和休息，保证旅客生命财产的安全，保证列车的清洁卫生，创造良好舒适的旅行环境，为旅客提供必要的物质文化服务，将旅客、行李和包裹安全、迅速、准确地输送到目的地。

第一节 列车长的条件和素质

一、列车长应具备的基本条件

（1）具备高中以上文化程度，身体健康，五官端正；

（2）从事列车乘务工作实际时间满两年以上，熟悉旅客列车其他工种业务；

（3）精通客运业务，能迅速鉴别和确认各种票据，迅速查找运价里程，正确计算票价、填写各种票据、编制客运记录和拍发铁路电报。

（4）正确执行各项规章制度，有较强的组织协调和班组管理能力，督促检查各工种岗位责任制，善于总结工作经验，提高服务质量。

（5）熟悉客车给水、照明、防暑、取暖、消防等设备及各种阀门并会操作。

（6）能正确解答旅客问询，并迅速妥善处理旅客意外伤害、急病、中暑、中毒、死亡等突发事件，列车发生意外事故后能对旅客和行包做出妥善处理。

二、列车长岗位职责

（1）遵守国家法令和规章制度，按照列车长的岗位标准和要求，领导乘务人员质量良好地完成旅客和行包输送任务。

（2）严格执行安全制度，经常进行安全教育和群众性的查思想、查制度、查领导、查纪律的“四查”活动，确保旅客、行包和国家财产的安全。

（3）坚持人民铁路为人民的宗旨，组织乘务员做好列车服务、广播宣传、饮食供应和整容卫生工作。认真听取并及时正确地处理旅客意见。遇有部、局客运领导检查工作，主动汇报。有外宾或者首长乘车时，要亲自接待，妥善安排。遇有情况，请示报告。

（4）根据上级命令指示，及时修改规章，组织乘务员练好基本功；按规定查验车票，正确填写票据、表报，妥善保管票款，掌握客流、行包运输规律，做好客运计划工作。

（5）加强班组管理，认真组织社会主义劳动竞赛，及时总结、推广先进经验，密切站车协作，搞好“三乘一体”的关系。

（6）正确行使列车长的职责，坚持群众路线，关心群众生活，注意工作方法，发现问题，正确处理。同时，坚持民主管理的原则，分配公开，调查研究，主动征求、虚心听取职工意见，接受群众监督。

（7）根据上级工作要求，制订工作计划，采取有效措施，认真组织落实，及时总结汇报，遇有领导乘车或检查工作时，按规定主动汇报，接受指导。

三、列车长的基本素质

根据列车长的工作性质、特点和地位、作用，要做一名称职的列车长，必须具备以下素质：

（1）政治素质。要求列车长具有坚定的政治方向，坚决执行党和国家的有关政策、法令和规章制度，具备良好的职业道德，作风正派，勇于开展批评和自我批评。

（2）文化素质。要求具有高中以上文化程度，能积极学习，胜任各种文字、核算工作的需要；有一定的口头表达能力和较强的逻辑思维能力；知识面宽。

（3）业务素质。要求精通与本职有关的客运规章和行李知识，在各种技术考试中成绩优秀；有一定的技术基础和资历。根据铁道部客运管理处的要求，列车长的聘用要精通三大业务（即餐营、行包、主任列车员的工作），因此，业务素质是当列车长的必要条件。

（4）管理素质。要求具有一定的组织能力，工作中善于抓重点、抓关键；善于运用科学的管理手段，进行全方位的有效管理；善于协调人际关系；勤于思考、分析，处事稳妥、慎重，避免单一思维、主观武断，善于总结经验教训。

（5）行为素质。要求列车长过好“四关”，即权利关、金钱关、人情关、用人关。列车长的职位包括班组人员的调动权、空余卧铺的支配权、奖金分配权等，一定要树立公仆思想，发扬民主，反对独断专横；金钱是商品经济的产物，要反对“一切向钱看”，我们讲经济效益更要讲党性、讲原则，不唯金钱，一切工作都离不开人，人又是有感情的，因此要处理好人情关，必须坚持原则第一、人情第二，站在党性的立场来衡量和处理各种人际问题、用人问题。

第二节　列车长客运业务

一、列车长乘务作业标准

1. 始发站准备作业

（1）出乘准备。

① 按规定时间提前到段接受任务。

· 向乘务科、车队请示工作，接受任务。

· 到收入室（财务科）请领票据、IC卡。

· 填写乘务报告。

· 到派班室（值班室）摘抄命令指示，了解列车编组、重点旅客运输及班组人员情况。

② 准时到派班室（值班室）列队点名，检查仪容、着装，

听取有关命令、电报、业务事项传达，接受提问。

③ 布置趟计划，提出工作重点和具体目标。

应达到的质量标准：

规定着装标志，精神饱满，仪容整洁，列队整齐；命令、电报摘抄齐全，字迹清楚。布置计划重点突出，措施具体，做到人人清楚。

(2) 接受列车。

组织列队接车：到各车厢（库内）检查、了解安全、服务设施设备情况。

组织各车厢卫生整备鉴定，与库内保洁领班进行对口签字交接。

应达到的质量标准：

列队整齐，背包统一，情况明了，交接准确。

按标准鉴定验收，质量达标签收。

(3) 库内车容整备。

① 组织各项备品设备设施的请领补充。

② 检查各工作作业准备工作情况。

③ 组织餐车按计划上足餐料、商品；审批餐车旅客、乘务餐预制计划。

④ 检查各车厢上煤、上水及开水准备情况。

⑤ 检查各车厢按规定悬挂摆放各种备品、车容整理情况。

⑥ 整理办公席规章、台账、资料票据及办公用具。

⑦ 按标准对车容、卧具、备品整理情况进行检查。

⑧ 组织做好“三乘”联检工作。

(4) 检查行李车装车准备情况，审批广播计划。

应达到的质量标准：

备品齐全，设备良好，分工明确，联劳协作，规章台账资料表报齐全完整，卫生达到列车等级标准，卧具整齐统一，备品定位隐蔽，车容全列一致，“两炉一灶”状态良好；餐料、燃料、开水充足；三乘联检落实有记录；预制计划、广播计划审批有签字。

2. 始发作业

（1）旅客准备。

① 与车站联系，了解有关事项。

② 根据车站旅客放行时间，督促广播员通知乘务人员到岗到位。

③ 检查各车厢边门立岗情况。

应达到的质量标准：

人员到岗到位，站立统一，活动顺号牌悬挂一致，立岗姿势端正规范，验票上车认真。

（2）组织旅客上车。

① 车站放客时，列车长按照具体分工立岗：头班车长在列车中部，二班车长巡视车厢，组织引导旅客乘车，了解行包装车、交接情况。

② 检查乘务员验票上车、查堵危险品、帮助重点旅客有序乘车情况。

③ 做好重点旅客的接待安排。

④ 检查行李员监装、交接情况。

⑤ 妥善处理临时发生的问题。

应达到的质量标准：

分工明确，职责落实，态度和蔼；重点旅客安排落实，乘车秩序良好；行包交接清楚，处理突发问题及时得体。

(3) 站车交接。

① 接收乘车人数通知单、剩余卧铺通知单、接受站方传达有关命令、指示、通知。

② 办理客车上水签认工作。

③ 交接旅客上车中的其他事宜。

应达到的质量标准：

在列车中部办理交接，交接内容清楚，有记录、有签收。

3. 中途作业

(1) 开车检查。

① 检查各工种作业标准的落实情况。

② 召开“三乘”会议。与乘警长、检车长及时沟通情况，提出要求。

应达到的质量标准：

检查全面，沟通及时，发现问题，整改到位。

会议定期定时召开，内容具体，记录翔实。

(2) 业务处理。

① 接待安排重点旅客。

② 核对卧铺使用情况，办理剩余卧铺。

③ 及时填写旅客列车密度表，联系站车交办事项。

④ 接待旅客来访，受理旅客投诉，签署旅客留言簿。

⑤ 组织查验车票，办理补票业务，处理有关事宜。

⑥ 按规定及时拍发电报或编制客运记录，移交旅客、物品及“危险品”。

⑦ 加强列车售货管理，劝阻、制止商贩随车叫卖。

⑧ 组织开餐（旅客及乘务餐）。

⑨ 组织开展“红旗车厢”竞赛评比活动（直达列车除外）。

⑩ 遇首长及上级主管乘车或检查，做好接待及汇报工作。

达到的质量标准：

重点旅客服务落实；剩余卧铺公开发售；密度表填写清楚；站车交接及时，交接事项清楚，记录签收认真。

接待旅客热情，解答问讯耐心，处理问题稳妥，审批意见及时；按规定查验车票、处理超重；票据填写清楚正确；编制记录和拍发电报准确及时、内容简练、符合要求；餐车供应质价相符，保证重点、秩序良好；竞赛评比活动正常；接待汇报得体大方、重点突出。

（3）巡视车厢。

① 检查各项安全制度执行情况及“二炉一灶一电”运用状况。

② 检查各车厢全面服务、重点照顾、仪容着装、文明礼貌、礼貌用语情况。

③ 检查车容卫生、车厢秩序和开水供应情况。

④ 检查广播作业及行包装卸和交接情况。

⑤ 检查餐车供应、商品供应、饭菜质量和价格情况。

⑥ 检查各工种作业情况和乘务纪律执行情况。

⑦ 检查旅客密度、车内温度，组织均衡运输。

⑧ 检查交接班卫生及备品定位、资料填写、重点旅客交接情况。

应达到的质量标准：

巡视检查到位，到站停车交接，问题处理及时；服务项目落实，重点照顾到位；均衡疏导旅客。行包装载良好，车内秩序井然；站站上水签认，开水供应充足；饭菜供应良好，商品销售正常；空气温度适宜，卫生随脏随扫；作业程序达标。

（4）卧铺管理。

① 按规定安排宿营车铺位。

② 按章办理卧铺；夜间旅客休息前核对卧铺。

③ 夜间巡视检查卧铺车列车员按规定值岗或有无非半车厢人员乘坐。

宿营车定人定铺；办理软卧按章核对证件；核对卧铺准确；卧铺车列车员按规定值岗，午间、夜间停止会客。

4. 折返站作业

（1）到站准备。

① 组织全体乘务人员按作业程序，做好折返站终到卫生。

② 审核票据，清点票款，审理旅客留言簿。

应达到的质量标准：

卫生达到“三不带”（不带垃圾、污水、粪便），垃圾装袋扎口定点投放；

（2）组织旅客下车。

① 列车长双班工作，分工组织旅客下车。

② 检查各车厢乘务员立岗、扶老携幼、组织旅客下车情况。

③ 检查全列车厢。

应达到的质量标准：

旅客下车井然有序，车门立岗到位整齐，扶老携幼服务落实，车厢检查到位。

（3）站车交接。

① 向车站客运值班员提交速报。

② 交办重点旅客。

③ 移交旅客遗失物品。

④ 交接有关旅客旅行其他事宜。

应达到的质量标准：

交报准确，交接清楚，手续齐全。

（4）停留作业。

① 向折返站客运段派班室（值班室）汇报乘务工作并接受命令指示。

② 督促餐车班做好返乘补料工作和返乘饮食供应准备工作。

③ 组织乘务人员按质量标准做好车容、备品整理，进行卫生鉴定。

④ 召开会议，总结单程乘务工作，布置返乘工作要求。

⑤ 安排看车人员。组织列队到公寓休息和列队接车整备。

应达到的质量标准：

请示汇报及时认真，接受命令清楚；车容整洁、备品定位、卫生达标看车人员落实，车长亲自到位；工作布置清晰，重点突出。

5. 终到作业

终到退乘：

（1）与接班组列车长办理交接；与库内保洁领班进行对口签字交接。

（2）在指定地点集合列队，总结趟乘务工作。

（3）回段向派班室（值班室）汇报乘务工作和提交乘务报告。

（4）按规定及时交款。

应达到的质量标准：

交接认真有记录，总结全面具体，汇报及时，账款相符，台账填写准确，上报资料齐全。

二、客运记录

1. 客运记录（客统-1）的含义

客运记录是在旅客或行包运输过程中因特殊情况，承运人与旅客、托运人、收货人之间需记载某种事项或车站与列车之间办理业务交接手续的文字凭证。

2. 客运记录的作用

（1）客运记录是站、车办理交接（处理旅客、行包运输有关业务）的依据。

（2）客运记录也可作为铁路运输事宜证实的材料或受理有关票据的收据。

（3）客运记录又是铁路与旅客之间有关业务事项真实情况的记载，作为旅客到站退款的凭证。

（4）受伤害旅客需送定点医院抢救治疗时，客运记录（加盖车站或客运室公章）为车站与定点医院办理交接的凭证。

（5）客运记录还可作为其他情况说明的根据。

3. 客运记录编制要求

（1）受理单位要明确（站名或车次等）；

（2）主题要突出，目的要清楚；

（3）内容准确，文字简练，清楚明了；

（4）运用规章要准确，实事求是，不能夸大或弄虚作假；

（5）编写客运记录要一式两份（交站或交旅客一份，签收后留存一份），如需抄送有关部门或其他责任者时，可增加份数；

（6）落款要注明车次、加盖列车长名章或车站公章；

（7）到站交客运记录时，要有车站客运值班员签收；

（8）凡车站客运值班员已签收的客运记录，要妥善保管，装订成册，以备存查（保管年限两年）。

其他要求：

① 交人时：要注明乘车区段、有无车票、移交理由等。如果移交的是病人，还要注明病因、病况、处理过程、旁证材料等事项。在移交精神病旅客时，要根据其车票移交给站或换乘站，对无票的精神病患者要交给最近的三等及其以上车站处理。

② 交物时：要注明品名、件数、移交原因等主要事项。

③ 交票时：要注明发到站、票种、票号、标价、有效期、席别、铺别、移交原因等主要事项。

④ 交危险品时：要注明危险品的品名、数量，携带人的单位、地址、姓名、车票情况，已采取的应急措施、移交原因等主要事项。

4. 编写方法

（1）编号填在右上角，标明月份和顺号（如 1 月份第 1 张记录编号为 0101）。

（2）事由栏：注明交接主要事项。

（3）受理单位：站名（或车次）。

（4）内容：

① 日期、车次；

② 运行区段、姓名、性别等；

③ 处理经过；

④ 落款（所属站、段、车次、列车长印章、日期）。

5. 列车遇下列情况应编制客运记录

（1）旅客有下列情况需退还卧铺票价时：

① 车站发售重号卧铺票，列车无法安排，需要为旅客证明到站退款时。

② 列车中途摘解软、硬卧车时，列车无法安排或变更席别，须到站退款时。

（2）处理旅客车票“误售”、“误购”，需到站退还票价时。（《客规》第 40 条）

（3）中途空调失效，需到站退款时。（《客规》第 49 条第 3 小点）

（4）旅客在乘车途中丢失车票，补票后又找到原票时，应编制记录，说明情况，以便到站退款。（《客规》43 条）

（5）旅客误乘列车或坐过了站，需交前方停车站时。

（6）因铁路责任，造成旅客变更座别、铺别，应退还票价时。

（7）旅客无票、无钱或拒绝补票，移交前方车站处理时。（《客规》第 46 条）

（8）发现旅客携带危险品的乘车，移交前方停车站处理时。（《客规》第 53 条）

（9）发现旅客携带品超重、超限或属于政府限制运输的物品，妨碍公共卫生的物品、损坏或污染车辆的物品，需交到站处理时，编制客运记录一式三份（注明旅客姓名、单位、地址、乘车区间、车票号码），其中一份交旅客，作为到站补交运费领取

物品的凭证。(《客规》第 53 条第 3 小点)

(10) 发现旅客遗失物品无法归还，须交站处理时。(《客规》第 55 条)

(11) 发现列车上行李、包裹内有限制运输物品或危险品，移交前方停车站处理时。(《客规》第 94 条)

(12) 发现列车上行李、包裹品名不符（伪报品名），应编制客运记录交到站补收运费，污染、损坏其他行包时，记录还应分别附在损失和被损失行包票上，以便说明情况。(《客规》第 94 条)

(13) 行李、包裹发生变更运输时。

(14) 行李、包裹在运送途中发生短缺、破损，需说明物品现状时。

(15) 行李、包裹无票运输时。

(16) 列车处理旅客误购、误售车票时，若旅客托运了行李，应编制客运记录（或发电报）通知行李所在站。

(17) 按包车或加开专列办理的涉外旅客运输，如在路途变更计划时，应将变更情况编制客运记录。

(18) 发现涉外旅客遗失物品时。

(19) 旅客在列车上发生意外伤害、急病或死亡，移交车站处理时。(《客规》第 113 条)

(20) 列车内发现无人护送的精神病患者，移交到站或换乘站处理时。

(21) 发现各种乘车证违章乘车，移交车站或换乘站处理时。

(22) 列车移交重点旅客（老、幼、病、残、孕）或弃婴时。

(23) 中途发现多收票款和运费，移交车站退款时。

(24) 其他要与站方办理的交接事项。

6. 客运记录填写实例

【例 5-1】×月×日，N720 次坪—郴州区间，5 号车厢一名旅客××突然感到小腹疼痛，难以支持（有陪同人一名）。经列车广播找医救治，认为有急性阑尾炎可能，急需下车诊治。旅客持有广州—岳阳车票，B0002142 和 B0002143 号，旅行包一个。现编制客运记录交站。

××铁路局　　客统—1

客　运　记　录

第0601号

记录事由：移交急病旅客
郴州站：
2006 年 6 月 6 日，N720 次列车运行到坪石至郴州间，旅客××（姓名、性别、年龄、家庭住址）突发急病，小腹剧痛，难以支持（有陪同人一名），经列车广播找医救治后不见好转，特编此记录交贵站，请按章处理。
附：1. 旅客广州至岳阳车票 B0002142 和 B0002143 号，旅行包自带。
2. 医生诊断书（医生姓名、地址、单位等）
3. 旁证材料两份（材料真实，必须具备法律效率）
注： 1. 站、车需要编制记录时均适用。 2. 本记录不能作为乘车凭证。 站　\N720 次 长客　段编制人员列车长×××（印） 站 段签收人员工　（印） ×年×月×日编制

【例 5-2】×年×月×日，N719 次列车岳阳开车后，8 号软卧车厢（RW25B671312＃）空调制冷效果失灵，列检中途无法修复，软卧车厢只有 6 号包房内有同行旅客 2 人，持岳阳至广州车票 V00001 和 V00002。

××铁路局　　　　**客统—1**

客　运　记　录

第<u>0701</u>号

记录事由：移交急病旅客
广州站：
2006 年 7 月 7 日，N719 次列车岳阳开车后，8 号软卧（RW25B671312＃）空调制冷效果失灵，致使该旅客无法使用空调。特编此记录交贵站，请按章退还空调票。
附：旅客广州至岳阳车票 V00001 和 V00002。
注： 1. 站、车需要编制记录时均适用。 2. 本记录不能作为乘车凭证。 站　\N719 次 长客段编制人员列车长×××（印） 站 段签收人员工　　　（印） ×年×月×日编制

二、铁路电报

铁路电报为铁路内部业务使用，列车运行中发生临时紧急情况需通知有关部门，或本次列车不能解决，需请示立即支援或汇报领导时，均可拍发铁路电报。

下列四种情况电报所不予受理：处理私人问题的电报；已有文件电报的通知；挑、应站倡议书；由于工作不协调互相申告。

1. 电报分类

铁路电报按性质急缓程度分四类：

（1）特级电报（T）。

是指非常紧急命令指示，处理重大事故、人身伤亡、重大灾害及敌情的电报。

（2）急报（J）。

是指时间紧急列车改点，变更到站和收货人，车辆甩挂、超限货物运行及车辆设备施工、停用、开通、限速的电报。

（3）列车电报（L）。

是指处理列车业务，必须在列车到达前或到达时送交用户的电报。

（4）普通电报（P）。

是指除上述三类以外的电报。

通常列车上所发电报属于第三类。

列车电报是处理生产业务的一种应急通讯工具，又是列车办理紧急事务所使用的一种公文表现形式。

2. 拍发电报要求

列车上有权发电报的是列车长，其他乘务员不得拍发电报，行李员拍发电报一定要经过列车长过目盖名章方可进行。

（1）明确主送、抄送单位。

① 主送单位：是指具体受理单位或主办单位（主要接收单

位应排在最前列)。

② 抄送单位：是指协办、督促、备案、仲裁的单位（一般上级单位在前，依次排列，也可按主次单位顺序排列，本段排在最后)。

(2) 电文内容要简明扼要，表达明确的意思。

(3) 电文内容要正确，如实反映问题，不要擅加自己的意见；不要漫天发报，人为地把事态扩大。

(4) 拍发电报时要掌握好时机，及时准确，不要延误，以免加重事态的发展。

电报编制一式两份：一份交站转报，一份签收留存。列车电报交有电报所车站拍发。

3. 拍发范围

列车遇以下情况应拍发电报

(1) 列车运行中因意外伤害，导致旅客重伤或死亡时，应立即向上级主管部门及有关局主管部门拍发事故速报（条件允许时，应先电话汇报事故概况）。发生重大、大事故时还应立即向铁路部客运主管部门和所属集团公司和发生地有关铁路局（集团公司)、站、段拍发事故速报。事故速报内容：① 事故种类；② 发生日期、时间、车次；③ 发生地点、车站、区间、里程；④ 伤亡旅客姓名、性别、国籍、民族、年龄、职业、单位、地址；⑤ 车票种类，发到站、票号，身份证号码；⑥ 事故及伤亡简况。

(2) 发生和发现重大行包事故，应立即向铁道部、所在地铁路局（集团公司）拍发事故速报并抄送有关单位（指中转站、行包到站、公安部门等)。速报内容：①事故等级；②发生日期、时间、车次；③发生地点、车站、区间、公里；④票号、发到站；⑤事故简要情况。

（3）遇特殊情况，途中发生餐料不足，应向前方客运（列车）段拍发电报，请求补充，并抄送其主管局（集团公司）。

（4）专运列车或车辆在中途临时需要补煤时，应发电报给前方客运（列车）段（无客运段时为车站），请求支援，抄送其主管局和车辆配属段。

（5）列车行包满载、列车严重超员，要求前方各站控制装载量及客流，确保安全正点，应电告各站，并抄送各主管铁道局，必要时抄送铁道部主管部门。

（6）列车发生重大刑事案件，急需侦破时，应向铁道部、所在地铁路局、公安部门、铁路派出所拍发电报，抄送本局公安局、乘警支队。

（7）在列车上办理补收款额而发现少收票价、运费时，应给旅客发站（段）及其主管局收入检查室拍发电报。

（8）列车广播设备（属电务部门维修）中途发生故障，需紧急处理时，电告前方站广播工区前来维修，并抄送本局电务（通信）段（广播工区）。

（9）列车有关业务声明澄清责任时，应向有关站（段）发电报，抄送铁道部、主管铁路局业务部门。

（10）处理旅客误购、误售车票，若旅客托运行李，应发电报通知行李所在站。

（11）遇列车空调失灵，应电告前方停车站停售、停剪本次车空调票。

（12）其他紧急情况，需迅速报告时。

拍发电报电文应字迹清楚，抄送单位不宜过多，可以不抄送的单位应免去。凡是可以用电话或书面反映的就不必拍发电报。

铁路局：哈尔滨局、北京局、呼和浩特局、乌鲁木齐局、沈阳局、兰州局、太原局、济南局、郑州局、上海局、西安局、武汉局、成都局、南昌局、柳州局、青藏公司、广州铁路（集团）公司。（16 个局，2 个公司）

对所担当的列车各站是否是电报所，列车长要去了解，要做到心中有数。

4. 拍发电报程序

（1）主送：发生问题、解决问题的直接单位。

（2）抄送：发生问题、解决问题直接单位的有关上级领导机关和本单位的上级有关领导机关。

（3）内容：日期、车次、区间、发生问题、经过处理。

（4）落款：车次、日期、发电报的站名、列车长的姓名。

5. 抄送范围

根据不同情况而定，一般情况下，局管内的事，不抄报到部，涉及两局以上的事，应根据情况抄报有关局业务处。

涉及治安问题，要主送公安派出所、公安处、公安局；

涉及到路风问题，应抄送各级路风办；

涉及到铁路乘车证问题，应抄送劳资、财务部门；

涉及到行车安全问题，应抄送各级安监室；

涉及到急性传染病时，应主送疾病预防控制中心及卫生主管部门；

遇到涉外问题时，应抄送公安和外事部门；

遇列车超员、行李车满载、超载运输、急性传染病时应传送客调。

6. 电报填写实例

【例 5-3】列车超员电报

×年×月×日，1598 次列车醴陵开车后列车严重超员，硬座实际定员 808 人，车内现 1 375 人，其中到衢州 100 人，金华西 350 人，列车长填写超员电报准备交萍乡站（有电报所）发报。

铁 路 电 报

电报统—1

发报所	电报号码	等级	词数	日	时分	附注

主送：宜春、新余、樟树、丰城、向塘、进贤、鹰潭、上饶站
抄送：铁道部运输局、客调；南昌局客运处、客调；广州铁路（集团）公司客运处、客调，长沙客运段。

×年×月×日，1598 次列车醴陵开车后列车严重超员，硬座实际定员 808 人，车内现 1375 人，超员率 70%，其中上饶以远 556 人。为确保旅客列车的安全正点，请各站严格按计划售票，并做好旅客乘降组织及上水工作。

特此电告

1598 次列车长×××（名章）
×年×月×日于萍乡站

【例 5-4】×年×月×日，N719 次列车岳阳开车后，8 号软卧车厢（RW25B671312#）空调制冷效果失灵，列检中途无法修复，软卧车厢只有 6 号包房内有同行旅客 2 人，持岳阳至广州车票 V00001 和 V00002，已编制客运记录交旅客，并向有关部门拍发电报，汨罗站无电报所。

铁　路　电　报

电报统—1

发报所	电报号码	等级	词数	日	时分	附注

主送：有固定票额的车站、有旅客退款的站。

抄送：广州铁路（集团）公司车辆处、客运处、客调；广州车辆段，长沙客运段。

×年×月×日，N719 次列车岳阳开车后，8 号软卧（RW25B671312 #）空调制冷效果失灵，中途无法修复，请以上各站停售 N719 次列车空调车票，并做好旅客退票工作。

N719 次列车长×××（名章）

×年×月×日于长沙站

【例 5-5】×年×月×日 1598 次列车衡阳站开车后，餐车电磁炉 5 千瓦平底锅炉、8 千瓦炉坏，不能使用，经随车列车检车工作人员抢修未修复，请列车长处理。

铁　路　电　报

电报统—1

发报所	电报号码	等级	词数	日	时分	附注

主送：醴陵至嘉兴各停车站、上海车辆段

抄送：铁道部运输局、客调；南昌铁路局客运处、客调；上海铁路局车辆处、客运处、客调；广州铁路（集团）公司车辆处、客运处、客调；广州车辆段，长沙客运段。

×年×月×日，1598 次列车衡阳站开车后，10 号餐车（CA998069）电磁炉 5 千瓦平底锅炉、8 千瓦炉坏，不能使用，随车列检无法修复，为确保旅客饮食供应。请上海车辆段安排人员进行抢修，同时请以上各停车站加强饮食供应工作。

特此电告！

1598 次列车长×××（名章）

×年×月×日于株洲站

第三节 班组管理

一、班组长的地位、权利、职责

1. 班组长的地位

班组长是班组的核心，是“兵头”，是“将尾”。假如把班组比喻为企业的“细胞”的话，那么，班组长就是这个“细胞”的“细胞核”。只有充分地发挥班组长的“细胞核”作用，才能使班组形成一个团结战斗的集体，才能使班级的积极性和创造性调动起来，组织起来，为完成班组的各项任务和实现企业的总体目标而共同努力。

班组长是企业第一线的指挥者和管理者。班组长的指挥和管理，对加强企业生产第一线的各项工作，保证实现企业的总目标，起着重要的作用。

班组长是企业“两个文明”建设的组织者。班组长起着把党的方针政策和企业的决策、计划变为职工实际行动的桥梁和骨干作用。

2. 班组长的权限

1986 年 2 月中华全国总工会和原国家经委联合发布的《关于加强工业企业班组建设的意见》中，对班组长的权限做了明确规定：

（1）有权组织指挥和管理本班组的生产经营活动；

（2）有权根据生产经营活动的需要调整本班组劳动组织；

（3）有权根据本厂规章制订班组工作的实施细则；

（4）有权拒绝违章指挥和制止违章作业；

（5）有权向上级提出对本班组职工的奖惩建议；

（6）有权按照企业内部经济责任制的规定，对本班组的资金进行分配；

（7）有权推荐本班组优秀职工学习深造、提拔和晋级；

（8）有权维护班组职的合法权益。

对认真履行上述权限的班组长，企业领导应予支持和鼓励。权限也是一种责任，班组长要善于正确行使上述权限，把责任权利统一起来。

3. 班组长的职责

班组长的职责与班组长在领导班组生产劳动中应做的主要工作是基本一致的。

班组的中心任务是完成车间下达的各项生产计划。抓好生产是班组长的主要职责，为确保完成班组各项生产计划和经济技术指标，班组长应重点抓好如下几项工作：

（1）抓好思想政治工作。

①坚持思想政治工作领先的原则，针对班组人员现实思想，采取多种形式，有预见、有针对性地把思想政治工作渗透到生产、管理、生活和学习的全过程去，逐步使每个工人都树立起强烈的革命事业心和高度的主人翁责任感。

②思想政治工作要科学化，要顺乎客观规律，从关心职工的生产、生活入手，利用一切条件，造成一个良好的班风，使每个工人感到生活在班组中心情舒畅，工作愉快，互相信任、互相尊重，进而使每个工人都产生一种荣誉感、成就感和责任感，形成一种积极向上的精神。

③班组长要以身作则，言传身教，带头遵纪守法，遵守各项工作制度，严格要求自己，为大家做出榜样，起到表率作用。

（2）抓好班组的“三全”管理。

具体是指：①开展全员计划管理；②开展全面质量管理；③开展班组经济核算。

（3）抓好班组安全生产。

班组长负有本班组生产安全和人身安全的责任，在布置生产任务同时，必须布置安全生产；要以身作则、大胆管理、抓好劳动纪律，认真执行标准化作业，贯彻安全生产规章制度，卡死违章操作规程；经常开展安全教育，制定班组安全措施并及时检查落实；发现不安全因素或事故苗子要立即采取有效措施，做到预防为主，并及时向上级反映或要求改进。

（4）抓好班组民主管理。

班组民主管理主要表现在依靠群众、选好班组“工管员”方面，对班组的生产质量和生活等大事，由班组全体人员共同讨论、决定，增强每个人的主人翁意识和责任感。

（5）抓好生产现场的管理。

①要抓现场安全。使每个职工都树立“安全第一”的思想，不违章作业，养成“安全生产，人人有责”的风气。②抓现场文明生产。做到设备完好、场地清洁、道路通畅、物件摆设整齐、通风照明符合要求。③抓好现场秩序，要求严格执行操作标准和工艺规程，遵守各项管理制度，坚守岗位，工作时间不溜串、不闲聊、不打闹、不影响他人作业、保持良好的生产秩序。

（6）抓好班组学习。

组织好职工的政治、文化、技术、业务的学习，坚持岗位练兵和技术比武活动，不断提高班组成员的素质。

（7）抓好班组基础工作。

搞好班组各项原始记录，做到要有专人分工负责，认真填写，定期上报、汇总，及时公布妥善保管，以便更好地为企业提供可靠的数据和资料。

（8）抓好班组文化生活。

开展互助互济、家访和各种有益的文体活动。创造舒畅的工作气氛，保持职工旺盛的劳动精力和愉快的情绪。抓好班组安全管理。

班组长的日常工作有一个基本规律，综合起来就是：日“三抓”、周“五查”、月开好“四个会”。即：抓思想、抓生产、抓安全；查事故苗子及隐患，查政治文化技术学习情况，查工具物料使用保管情况，查各项指标完成情况，查设备保养及文明生产情况；月初开好各项工作生产指标计划安排会，月中开好各项工作生产指标完成情况分析会，月末开好总结评比会，每月开好一次民主管理生活会。

二、班组长的素质和能力

1. 班组长应具备的素质包括 7 个方面

（1）思想政治素质；

（2）职业训练素质；

（3）组织管理素质；

（4）人际关系素质；

（5）意志素质；

（6）文化素质；

（7）身体素质。

2. 班组长应具有的能力

（1）应具有熟练掌握实际操作技术和解决本组运输生产中的技术关键问题的能力；

（2）应具有一定的组织指挥能力；

（3）有善于做思想政治工作和知人善任的能力；

（4）应具有沟通和协调班组内外关系的能力；

（5）应具有一定的分析和判断能力；

三、班组民主管理的组织体系

一般班组设置“六大员”较为合适，其分工如下：

1. 政治宣传员

（1）宣传党的路线、方针、政策，开展读书、读报活动；

（2）利用宣传工具，及时表扬好人好事，推广先进经验；

（3）带头参加文体活动。协助工会组长做好群众性的思想教育工作。

2. 经济核算员

（1）把握班组的计划定额，搞好班组的经济核算；

（2）抓好班组的增产节约活动；

（3）掌握班组各项经济指标的完成情况；

（4）搞好月经济活动分析，及时为班组长提供可靠信息。

3. 质量检查员

（1）坚持开展质量检查活动，并发动职工开展质量攻关竞赛；

（2）抓好质量检查记录，做到有总结、有措施、协助班组长搞好“QC”活动；

（3）对小组出现的质量事故，及时进行分析研究；

（4）协助班组长组织开展技术培训活动，不断提高班组人员技术业务水平。

4. 劳动保护安全检查员

（1）负责日常对职工进行安全生产、遵章守纪的教育；

（2）负责收集、传递安全信息，做到警钟长鸣；

（3）做好班组安全日数的积累工作。善于抓住事故苗头，防患于未然。

5. 材料工具管理员

（1）按生产计划领料、用料，掌握材料收支情况，做到账、卡、物相符，保管好各种生产用料；

（2）负责请领工具，管好工具备品，保证工具完备齐全。

6. 生活管理员

（1）替职工说话办事，热心为职工生活服务；

（2）做好互助会储蓄的管理工作；

（3）掌握职工生活状况，反映职工对生活福利事业的意见和要求，并帮助解决职工生活的实际困难。

第四节　列车运输收入管理

旅客列车的收入工作是铁路整体运输收入管理中的重要一环，也是目前运输收入管理的薄弱环节。加强旅客列车运输收入管理对于改善旅客乘降秩序，保证旅客旅行安全，提高服务质量，维护铁路运输收入的完整，防止路风事件发生的重要措施之一。

一、列车运输收入管理的特点及产生的原因

1. 列车运输收入管理的特点

列车组织运输收入与车站组织收入相比有其不同的特点。车站是以发售客票、办理行包运输直接取得客运收入，而列车则是在移动过程中通过办理旅客旅行变更，发售空余卧铺和处理无票旅客补票而取得运输收入。属于正常运输收入的补充收入或称之为堵塞漏洞的收入。只有正确及时地取得这部分收入，才有可能维护运输收入的完整。但列车收入有一定的难点。在运输中，旅客不购票或无票乘车是经常发生的。在当前运能与运量不足和超员过多的情况下，由于列车工作环境、条件、人员所限，在运输安全作为首要要求和搞好服务工作的前提下，给运输收入增加了一定困难。

2. 列车运输收入形成的原因

铁路运输的特点，决定了列车收入的必然性。主要原因有以下几个方面：

（1）运输条件设施的不完善，是产生无票乘车的重要原因。全路共有 5 000 多个车站，其中特、一、二、三等站约占车站数的 21%，其余为四、五等站和乘降所。四、五等站基本上没有完善的进出站口来制约乘降旅客检验车票，即使是三等以上的车站设有比较完善的进出站口，也无法完全杜绝无票人员的进出。所以在运输中就会产生一部分人员无票上车，从而形成列车收入的来源。

（2）乘降所的设置为区段客流升降列车提供了方便。设置单一的无人售票旅客乘降所，势必造成旅客必须在列车上补票，使列车取得收入。

(3) 列车软、硬卧铺空余发售和周转利用。列车运行起止站间区段较长时，由于旅行目的地不尽相同，旅客乘降频繁。根据客流情况及时周转利用空余卧铺形成的列车收入。

(4) 目前我国仍然处在社会主义初级阶段，由于一部分人的思想觉悟或其他原因，常有违法乱纪现象发生，这就形成了按规章制度查堵处罚追加的列车收入。

二、列车运输收入的组织管理

1. 运输收入管理分级

旅客列车收入的组织管理分两大部分：

(1) 段运输收入组织管理。

依据铁道部第 24 号令公布的《铁路运输收入管理规程》和铁财［2006］38 号文令公布的《铁路运输收票据管理工作规则》，根据整合后的段实际情况，各客运段制定了《票据、票款安全管理考核办法》及《段收入管理及票款提成奖罚办法》作为段收入管理制度。

(2) 列车班组收入管理。

我们常说的班组查漏堵收是在列车运输移动过程中通过办理旅客旅行变更、发售剩余卧铺，补收超重超大物品和处理无票旅客补票取得的收入，列车运输收入管理主要是严格认真执行规章制度，加强票据、票款管理，在做好旅行服务的同时，做好维护铁路正当收入工作，确保运输收入完整和资金的及时上缴。

2. 票据、票款的管理

(1) 客车车班票据、票款管理的责任人：

① 列车长是班组票据、票款管理的主要责任人，负责出乘

时使用的票据、碳带、IC卡的请领、保管和上缴工作，不得委托他人代理，必须建立相关台账，对请领、使用、结存等情况逐一进行登记。

② 列车长在出乘前必须请领足够本趟使用的客票票据、碳带，保证值乘中不脱售，在请领票据时必须与发票人办理双方签人手续，未经收入科同意批准，不准车班间相互调拨和借用票据、碳带，并在使用票据、碳带时做到先领先用，不积压。

③ 对列车办理补票后的票据、票款及时整理，并锁入保险柜保管，回乘后及时将所补票款、票据全额上缴段收款室，严禁任何人贪污、挪用、截留票款，确保运输收入的完整。

(2) 在列车上使用票据，办理交接，调动移交及保险柜的管理：

① 台账。收入设有四本台账，分别是“车内票据、票款交接单”，“车内补票缴款、缴票”，“查出涂改、挖补、仿造票证登记簿”，“现金票据丢失、被盗登记台账”。

② 交接。

· 列车长在出乘前至段收入科收、发票据地点请领足够本趟使用的票据、碳带并在《票据发放单》上和发放部门办理双方签认手续，领取票袋时应认真查看封条。

· 列车上发放票据和收回票据、票款时，应与使用人在“车内票据、票款交接单”上登记，双方签认。

· 经收入科同意在途中借用其他班组的票据、碳带时应办理票据、碳带借用手续，注明时间、班组、数量、一式三份，双方签认，借用双方各持一份，一份交收入科备查。

· 回乘后，将所剩余票据、碳带装入票袋上锁，贴好封条，与发、收票据人办理双方签认手续。

③ 票据使用。

·填写式票据在使用过程中必须按照票据符号、票号顺序、加盖列车长专用章方可使用，要认真、规范地进行填写，票据必须同联同时复写，不得分联填写，省略项目，不得涂改及无故作废票据，需要作废的票据，必须注明理由后由列车长进行签认，字迹必须清楚，对需作废的电子票不允许横折。

·票据发生填写错误或代用票剪断线与填写金额不符时，不得涂改，一律按作废票处理。“旅客联”剪断线一经剪断，原则上不得按作废处理，如属特殊情况，应由经办人写出经过，列车长签认后报收入主管部门核实处理。

·乘务终了，列车长应根据本趟填发发售的票据，核收的现金，编制“车内补票缴款、缴票单”，一式三份，一份自留，两份连同票据报告联、存根联在返乘当时一并上缴段收款室，“车内补票缴款、缴票单”必须按规定格式填写，不得漏添、错添。

·发生票据、票款丢失事故时应及时保护现场，收集有关情况，立即电告收入主管部门和公安部门，及时组织破案。

④ 调动移交。

·列车长调动班组或调离工作岗位时，应把自己领用后剩余票据，必须认真清理、登记、移交给接班车长，双方签认后将清单交收入科备案。

·当列车班组改组时，应整理好剩余票据，填写交接清单，凭交接清单和票据一起交段收入科进行交接签认。

⑤ 保险柜的使用。

列车上备有保险柜，由列车长负责管理，用于保管票据、票款，以确保列车票据、票款的安全，保险柜钥匙由列车长亲自保管使用、交接，个人私物严禁锁入保险柜。

·班组出乘请领的票据、碳带及中途收回的票款、票据存根，应及时放入保险柜，对使用、结余情况逐一登记。

·智能保险柜应在出乘前认真检查，设置密码，如发现故障应及时向段维修部门报修，以保证保险柜在中途能正常使用，中途发生保险柜故障应及时向段收入科及维修部门汇报，请求专业人员上车进行维修。

⑥ 电子补票机及碳带的管理与使用。

·GTB－3、GTB－5 两种型号补票机是我们现正在使用的型号，在使用过程中应注意妥善保管，按有关规定进行操作，尤其 GTB－5 型补票机，对碳带的使用要求较高，每卷碳带只能打印电子票 200 张，如超过 200 张仍继续使用将使补票机打印头拉伤，导致机器故障，不能使用。

·碳带请领后应按所领碳带顺号，先领先用，不积压，GTB－5 型补票机碳带要严格遵守每卷打印 200 张电子票的规定，以确保补票机的良好使用，使用完的碳带应及时上缴。

⑦ 查验车票：

·认真执行客规规章制度，坚持立岗验票上车和在规定运行区段时间内查验车票（400 km），重点区段，重点查验，做好无票补收及违章乘车的处理工作，严禁以车以票牟私，乱补乱罚。

·充分利用列车软、硬卧铺，及时发售列车空余卧铺，检查旅客是否持有效车票，有无伪造挖补、过期、越站、误补及重复使用、减价不符、未剪口，未签证等不符情况，旅客随身携带超重、超大物品是否补收费用。清查卧铺时应对有无越席乘车或无票人员及各种铁路乘车证的填发是否有效，证件是否齐全，有无转借、涂改等情况进行重点检查。

· 办理补票时，要先问清旅客的发、到站、人数、座别、铺别后再制票，代用票及电子票制票完毕后要检查确认票价金额，通知旅客准备现金。使用补票机应按程序正确使用。

· 填发代用票必须符合客规有关规定，正确填写，字迹清楚，票面加盖规定印章，不随意涂改，尤其是不得涂改发、到站、人数、金额，填写完毕后要检查确认合计金额，按合计金额剪下剪断线，交递车票找零时，应复诵，做到先收钱再付票、后找零，唱收、唱付，当面点清。

3. 运输收入事故、违纪的定性及处理

（1）事故分类与等级。

① 运输收入事故的种类分为现金事故、票据事故和坏账损失。

· 现金事故：现金丢失、被盗、被抢劫。

· 票据事故：在印制、保管、发放、寄送、运输和使用过程中所发生的铁路客货运输票据丢失、被盗、短少。

② 运输收入事故的等级分为一般事故、大事故和重大事故。

· 一般事故：损失金额不足 1 万元。

· 大事故：损失金额 1 万元及以上，不足 10 万元。

· 重大事故：损失金额 10 万元及以上。

（2）事故金额的计算（以下所述内容只与客运部分有关）：

① 现金、银行票据和坏账损失按实际损失计算。

② 区段票每张按剪断线最高金额计算（现已基本不使用）。

③ 代用票按每组 1 000 元计算。

④ 计算机软纸票按每张 1 000 元计算。

⑤ 对使用过的到达铁路客货运输票据事故金额，按上述相应票据计算。

⑥ 对使用过的发送铁路客货运输票据事故金额，能确定运输收入实际损失的，按造成的运输收入实际损失计算，不能确定实际损失的，按上述相应票据计算。

（3）事故的处理。

① 发生运输收入事故时，应保护好现场，并电告收入管理部门和公安部门，及时组织破案。

② 事故发生后应于 5 日内向本企业收入管理部门提出“运输收入事故报告表”，并附责任人书面材料。重大、大事故应及时书面报告铁道部。发生运输收入事故除经济赔偿外，可视情节轻重对责任人给予行政处分，情节严重的应追究至主管领导的行政职责。

③ 一般事故由站、段处理，并报本企业收入管理部门备案。

④ 重大、大事故由铁路运输企业处理，并报铁道部收入管理部门备案。

（4）运输收入事故的处罚。

对发生的票据、票款丢失事故按照《铁路运输收入管理规程》第九章进行处理。

① 构成运输收入一般事故的，责任人除负责经济赔偿外，给予责任人行政警告处分；并对责任班组列车长、车队队长按事故金额的 10%、2%进行考核，同时给予责任班组列车长待岗三个月处理、给予责任车队队长行政诫勉三个月处理。

② 构成运输收入大事故的，责任人、班组、车队除负责经

济赔偿外；给予责任人行政过大过处分，给予责任班组当班列车长行政记大过处分，并撤销列车长职务；给予责任车队队长行政警告处分。

③ 构成运输收入重大事故的，责任人、班组、车队除负责经济赔偿外；给予责任人行政开除路籍留路察看处分、给予责任班组当班列车长行政记大过处分，并撤销列车长职务；给予责任车队队长行政记过处分。

④ 构成运输收入事故的，如上级机关有处理决定的，按上级机关处理决定执行；如构成违法的由司法机关依法处理。

4. 运输收入违纪行为与处罚

(1) 有下列行为之一的属于违纪行为：

① 利用工作或职务之便，篡改票证、报表或其他方式侵吞票款的。

② 为长途旅客开短途票的。

③ 私带无票人员的。

④ 安排旅客（包括持有铁路乘车证的铁路职工）越席乘车的。

⑤ 无票运输货物的。

⑥ 列车行李员与车站或货主串通，装载超过票记重量、件数的行包货物或为其提供便利的。

⑦ 违规占用卧铺、坐席的。

⑧ 其他违反铁路运输管理或客运管理的规定，造成运输收入少收的行为。

(2) 违纪行为的处罚：

① 构成上述第一条的，违纪金额不满 200 元的给予警告处

分，200 元以上，不满 1 000 元的给予记过至记大过处分，1 000 以上，不满 2 000 元的给予记大过至留用察看处分，2 000 以上的给予留用察看至开除处分。

实施行政处分的同时，给予违纪金额 2～5 倍的罚款，未开除的要调离现工作岗位。

② 构成上述第二、三、四、五、六条，有行为之一的，违纪金额按应收款与已收款差额和获取的好处费合并计算，对责任者给予以下处罚；

违纪金额不满 400 元的，给予警告至记大过处分，情节轻微的可免行政处分，400 元以上，不满 1 500 元的给予记大过至撤职处分，1 500 元以上，不满 4 000 元的给予撤职或留用察看处分，4 000 元以上的给予留用察看至开除处分。

实施行政处罚的同时，可给予违纪金额 1～2 倍的罚款（但最多不超过 2 万元），未开除的要调离现工作岗位。

③ 构成上述第七条行为时按所占铺位、席别补收票款。

④ 单位为谋取小集体的利益构成以上所述行为之一的，除向其追补损失的运输收入外，同时处以违纪金额 0.2～1 倍的罚款，并给予相应的行政处分。

第六章　列车行包运输

第一节　行包运输方案

一、行包运输方案概述

1. 行包运输方案的作用

行包运输方案是根据中转行李与包裹的装运原则、列车运行图的安排、列车区段行包密度以及车站中转能力等方面的情况，所规定的行包装运组织实施办法。按方案组织行包装运，一方面能避免不合理中转造成的人力、物力浪费，更合理地利用行李车运能，均衡地组织运输；另一方面可以减少行包中转环节，避免在运输途中可能造成货物损失，提高运输效率。除局和分局同意组织的不合理中转外，各站行装人员、列车行李员以及主管行包有关干部对行包运输方案必须认真贯彻执行。

行包运输方案应于新图实行前编制并与新图同时实行。

2. 编制行包运输方案应遵循的原则

（1）长途直达原则。

即直通列车优先装运至终到局及其以远的行包，优先满足长途中转和长途始发的需要。

（2）长短途分工原则。

即长途行包优先利用长途列车装运，短途行包利用短途列车装运。

（3）中转组织原则。

① 有直达列车的必须以直达列车装运，减少行包中转次数，减少对枢纽中转站压力；

② 没有直达列车的，选择在中转次数最少、有始发列车接运的车站中转；

③ 途中几个中转站中转次数相同时，应优先选择在能力充裕的车站中转；

④ 除方案规定的中转范围外，不得改变中转车站和增加中转次数。

（4）区域集散原则。

① 在局管内，对直通能力紧张的二等及以下车站，准将始发行包向有直通能力的中转站集结，增加一次中转。直通能力紧张的一等站的始发行包需进行区域集结时，由铁路局商中铁快运确定。

② 对直达运能紧张的中转站，准该站将行包装至到达局管内有始发能力的车站，增加一次中转。

（5）适量装卸原则。

行包装车站必须按照保证列车安全正点、先卸后装的原则，根据列车行李员提供的卸车站待卸行包件数和重量适量安排装车件数。

① 装运至列车途中到站的行包件数，按卸车站站停时间每分钟不超过 15 件掌握。装运至列车终到站的行包件数不受限制。

② 对体积小、重量轻的行包，单件重量在 16～20 kg 的，

最大按卸车站站停时间每分钟卸行包总重不超过 300 kg 掌握；单件重量均在 15 kg 以下的，最大按卸车站站停时间每分钟卸行包总重不超过 450 kg 掌握。

③ 对超大包裹要相应核减装卸车件数。对超重包裹，重量每超过 15 kg 核减一件。站停时间不足 4 分钟的停车站和直达特快旅客列车禁止装运超重包裹。

④ 特快旅客列车在停车时间不足 4 分钟的车站只卸不装，在停车时间 4 分钟以上的车站可装运至列车终到站的行包。

（6）优先运输原则。

① 行包办理站应按照“先行李，后包裹；先中转，后始发；先快运，后普包”的原则组织运输。

② 快运包裹不受装运区段和限装区段的限制，但到站必须是快运办理站，车站和列车行李员不得拒绝装卸和交接。

（7）限定原则。

① 鲜活（鲜花除外）包裹不准中转。

② 同一城市有两个以上到站时，应选择有终到或经停的列车装运，严禁同城中转。

3. 编制行包运输方案的依据

（1）指定月份的直通、管内行包流向流量图；

（2）直通列车行包密度表等资料（按局别、中转站、终到站统计）；

（3）主要站分车次、区段装车件数和卸车件数；

（4）指定时间主要站行包承运件数（按局别或线别分区段资料）；

（5）特、一等站两年以内的行包流调查报告。其内容有：区内政治、经济、文化发展状况；产品销售运输渠道；集市贸易状况及交通工具发展状况；各种交通工具运价水平以及铁路运能和适应状况等。

二、行包运输方案的内容

行包运输方案包括全路编挂行李车的全部旅客列车，包括跨局旅客列车行包运输方案和管内行包运输方案，并以表格的形式公布。其主要内容有：

顺号、车次、运行区段、担当局、担当分公司、经由、行包办理站及停时、装运区段、限装、准装、始发时刻、终到时刻、旅行时间、运行距离、备注。

【例 6-1】T16 次，广州—北京西，广州铁路集团公司担当列车乘务，中铁快运广州分公司担当行李车运输，经由西良线、京广线。

(1) 沿途行包办理站：长沙（4 分）、武昌（6 分）、郑州（4 分）。

(2) 装运区段：武昌及以远。

(3) 限装：沈局、哈局各站，京包线。

(4) 准装：广州去沈大线在北京西中转每日限 100 件。

始发时刻 17：25、终到时刻 13：50、旅行时间 20：25、运行距离 2 294 km。

【例 6-2】K527 次，南京西—广州，上海铁路局担当列车乘务，中铁快运江苏分公司担当行李车运输，经由宁铜线、京沪线、沪昆线、京广线。

(1) 沿途行包办理站：南京（15 分）、镇江（5 分）、常州

(3分)、无锡（2分)、苏州（2分)、上海（8分)、海宁（6分)、杭州东（8分)、金华西（8分)、衢州（4分)、鹰潭（12分)、进贤（2分)、新余（6分)、宜春（5分)、株洲（22分)、衡阳（35分)、郴州（7分)、韶关（3分)。

(2) 装运区段：鹰潭以远。

(3) 限装：湘桂线、京广线株洲以北、沪昆线株洲以西。

(4) 准装：南京西去长沙终到行包在株洲中转每日限100件。

【例6-3】 4327次，锦州—沈阳北，沈阳铁路局担当列车乘务，中铁快运沈阳分公司担当行李车运输，经由沈山线。

(1) 沿途行包办理站：沟帮子（4分)、大虎山（5分)、新民（12分)。

(2) 装运区段：各停车站。

三、行包运输方案的执行

执行行包运输方案时，应注意以下有关事项：

(1)“某站以远、以东、以西、以北”不包括某站，“某站及其以远”包括某站；

(2)“装运区段”栏内，某站以远系指快、慢车停车站；“限装区段”栏内某线，某站以远、以东、以西、以南、以北及某站至某站间均指限装去有快车站的行包，快车不停车站的行包不限；

(3) 行李、包裹的装车站或到站无直达列车时，可不受限装区段的限制；

(4) 一站装至另一站的行包（包括装转行包）每次车不得超

过100件。装至停车时间不足10分钟的车站，每次车不得超过50件；装至列车终到站的行包件数不限；

（5）始发行李、电影胶片、急救药品以及规章规定旅客自押物品，可不受装运区段限制，但必须符合管规第45条规定装运；

（6）包裹和中转行李应以直达列车装运，不受计费经由的限制；

（7）行包中转站，在同一线路上产生往返运输超过100公里时，视为不合理中转；行包中转站停办业务时，由铁道部重新指定行包中转站。

行包运输方案在下列情况下可以进行调整：

（1）运能运量有较大变化时；

（2）较大行包中转站的行包房施工受影响时；

（3）产生其他影响行包均衡运输的原因时。

方案的调整应由方案编制部门负责。

第二节　行包装卸和交接

行包运输工作中，列车行李员的工作十分重要。列车行李员必须与车站密切协作，做到“巧装满载”。同时应掌握乘务区段的线路情况、停站时分以及行李中转站的范围、接续车次和各停车站的装卸规律，以防止事故发生，保证列车的安全与正点。

列车行李员出乘前应根据列车长的传达，或亲自到派班室摘抄有关行包停限装的电报、命令、指示，主动到始发站行李房了解情况，掌握行包装车数量、性质及主要到站，并收集附近站预报，做到心中有数；要按行包运输方案及行包装卸交接证核对票据，确定堆放位置。装车时按站方递交的装车计划，认真监装，清点件数。始发站至终点站的行包应集中装在行李车两端，到各中间站的行包按到站的顺序实行：远装里、近装外，大不压小、重不压轻，堆码整齐，装载平衡，货签朝外，易碎、易污、放射性物品分别隔离，鲜活物品注意通风。作业时严格执行“三检、三对”：检查货票、检查标签、检查包装，对件数、对品名、对到站。列车行李员应认真监装，发现危险品、政府限运品及包装不符合要求的货件应拒绝装车。各站都要建立装车前票货核对制度，做到票货相符，一票一清，车站行李员核对无误后，在站、车交接单上签注“核对无误”并盖规定名章方可组织装车。无车站行李员名章，列车行李员有权拒绝装车。办理信件交接时，应坚持“一确认、二检查、三清点”的制度，即确认到站、检查封印包装、清点件数，做到信件清点正确，贵密件封印符合规定，签收交接应盖规定印章。

列车行李员采用轮班制时，始发站两个行李员要同时上岗。工作时或一人接受款项、密函、信件、公文，并按站顺整理好，另一人负责装货；或两人同时先装行包，然后接受公文信件。一班作业时，列车行李员则应先装货后接受公文信件。凡不合规定的款项、密函、信件应拒绝接受。

列车到达途中各停车站时，行装人员要密切配合，先卸后装。列车停妥后先叫站方核对、接收行包票据、件数、公文信件，然后指明待卸货位。卸车要坚持“二对一隔离”（对件数、对到站，不卸的行包要用红带隔离），列车行李员监卸点件，盖章办理交接。卸完后按站方递交装车计划，接收待装票据、信件、指定货位监装点减，组织装车，其基本作业与始发站相同。列车行李员应认真进行票货核对，防止错卸、漏卸、有货无票、混装顶件等事故的发生。为充分利用运输能力，列车行包输送要做到巧装满载，每站卸车后及时将剩余能力和待卸行包向前方站做出预报，一般交站方行李员代报。遇有大批行包或列车晚点时要提早预报，列车长应组织人力，协助站方快卸快装，配合赶正点。

列车与车站、站车各工序之间的交接，是划清行包运输责任的重要作业过程，为了保证行包安全和运输无误，必须严格交接手续。在承运行包时，应指定专人负责进仓，认真做到票、货对照，一票一进仓，盖章交接，归位堆放；行包出库后运送途中，各站应根据本站情况制定交接制度，必须做到有货动有交接，交接有手续，不信用交接，货票相符，件数正确。站车交接做到一车一清，卸车进仓一趟一清，仓库交接一班一清。

站车交接时，如因接受方不盖规定章或印章不清无法确认，接受方应签收而未签收，或虽已签收，但对件数、包装等情况站车双方有异议的，且在开车后三小时内（如区间列车运行超过三小时不停车为前方停车站）又未拍发电报确认的情形，发生事故，为列车接收站段的责任。列车到达终到站后，超过一小时不签收或虽未超过一小时而列车入库，行包未卸完，发生事故，为列车接收站段的责任。列车到达终到站后，超过一小时不签收或虽未超过一小时而列车入库，行包未卸完，发生事故，为列车终到站的责任。

列车到达终到站之前，列车行李员应将票据、公文信件整理清楚，票货核对无误后，准备与站方交接、卸车，然后将往返乘务的行包交接证（式样见表6－1）整理装订成册，统计行包件数，将完成任务情况、有关记录电报事项向列车长汇报。接下来要搞好行李车的终到卫生（包括仓位的清扫，办公间的擦抹、厕所的冲洗等），然后整理各项备品与接收班组办理交接。

表6－1　　行李包裹装卸交接证　　客统—5

×年×月×日

自＿＿＿＿＿＿车　站　　　　自第＿2312＿次列车

交第＿＿＿＿＿＿次列车　　　　＿×××＿车站

站行李＿＿＿＿　　　　列车行李员＿××＿

发　站	到　站	行或包	票据号码	包　装	件　数	重　量	记　事
杭州	镇江	行	863110	木箱	2	50 kg	
杭州	镇江	行	311612	皮箱	5	20 kg	手把断一个
嘉兴	镇江	行	311613	皮箱	2	63 kg	
嘉兴	镇江	包	811344	木箱	3	80 kg	一个角磨损
上海	镇江	包	811345	木箱	1	34 kg	
上海	镇江	行	360042	布包	1	45 kg	
苏州	镇江	行	360043	皮箱	2	60 kg	
苏州	镇江	行	322622	皮箱	1	25 kg	
无锡	镇江	包	823411	袋	1	25 kg	
预报事项				合计	18	502 kg	

86—6 000本100页（2982）库客134

以上件数业经收讫　　　　车站行李员＿××＿印

附：列车行李员作业流程及标准

一、始发作业

（一）出乘准备

作业内容：

1. 按规定时间到营业部乘务中心（室）出乘点名。穿着规定服装，佩戴职务胸章。

2. 摘抄命令、指示及停限业务电报，签收查询电报。

3. 请领备品、资料。

4. 提前到行包发送区了解行包装车计划。

作业标准：

1. 按时间出乘，出乘前8小时内严禁饮酒，保持精力充沛；服装、职务、仪容仪表符合《铁路旅客运输服务质量标准》的规定。

2. 命令、指示及停限业务电报摘抄及时、准确。

3. 备品、资料按需请领。

（二）始发前作业

作业内容：

1. 清点清扫工具、办公用品，按规定交接车辆设备、备品（检查货仓是否灵活；检查门窗锁、玻璃、制动阀、灭火器材、配电盘、便器、洗脸池、行李架、衣帽钩、翻板、天棚盖等是否牢固）。

2. 采暖期间，交接取暖锅炉及焚火工具，检查缺煤、缺水情况。

3. 发现备品丢失、损坏时互相签字明确责任。

4. 整理清扫工具。

5. 卫生保洁：先上后下、先内后外，先冲洗、后擦抹，先扫后拖；刷擦窗台；擦抹四壁，顶棚、办公桌椅、行李架、衣帽钩、洗脸池、面镜，暖管（罩）；冲洗厕所、便器、锅炉室；扫拖办公间地面、通过台，刷货仓四壁，扫冲地面。

6. 落放车窗，挂摆窗帘，挂摆提示牌。

7. 整理规章资料、设备设施。

作业标准：

1. 工具备品完整齐全，车辆设备作用良好。

2. 取暖锅炉达到规定标准，焚火工具齐全，不缺煤、缺水，交接手续完备。

3. 清扫工具，隐蔽定位。

4. 办公室窗明地净，四壁无尘，窗帘挂摆平整，桌椅洁净，洗脸池便器洁白，厕所无臭味，暖管无积灰，锅炉室无杂物。

5. 货仓无杂物，四壁无污垢，地面干净。

6. 办公间有规定的时刻表、岗位职责、货位示意图和“押运人员须知”，货仓内有“严禁烟火”、“爱护行包”标志，按标准贴挂。

7. 报表资料齐全，规章修改及时、规范准确，隔离红带、站名牌、链锁等设施齐全，按规定标准定置摆放。

（三）始发站台作业

作业内容：

1. 按车站行李员递送装车计划，指定货位，车门监装，清点件数。

2. 坚持三检、三对、一隔离制度。

3. 办理信件交接坚持一确认、二检查、三清点制度。

4. 与车站行李员办理交接，根据交接证的记载清点票据、装车计划清单和货物件数。

5. 盖规定印章办理交接班。公司级大客户、时限快递及其他重点货物重点交接。

作业标准：

1. 先远后近，计划装车，车门监装点数，按票逐批清点。充分利用货仓空间，合理安排货位，货物堆码大不压小、重不压轻，做到装载平衡，巧装满载，堆码平稳。

2. “三检”：检查货票、标签、包装；“三对”：对件数、品名、到站；“一隔离”：易碎、易污、放射性物品分别隔离。

3. “一确认”：确认到站。“二检查”：检查封印、包装。“三清点”：清点件数；保证信件清点正确，贵密件封印符合规定，签收交接加盖规定印章。

4. 与车站行李员办理交接时，点清票、货件数；重点货物指定专门货位，重点交接。

（四）始发站开车作业

作业内容：

1. 装车完毕关闭货仓门，按规定加锁车门，正确使用链条锁。

2. 巡视货仓，整理堆码货物，挂站名牌，放隔离红带。

3. 遇有押运人员，要看票验证，按规定格式逐项登记，交代安全注意事项。

4. 整理票据，填写行包交接证，铁路公文物品运送单；核对票货；填写“行包密度表”、货位示意图。

5. 公文、信件按站顺分存，放入格内。

6. 对贵重品、密件要入柜加锁。

7. 运输麻醉品及精神药品时，妥善保管运输证明副本。

作业标准：

1. 装车完毕，关闭货仓门，插好插锁，加锁封闭，风挡处端门、边门锁闭并加锁底锁（有运转车长值乘时除外），连接其他车厢端门必须加锁隔离（不允许加锁底锁）。各车门无漏检，漏锁，确保安全。遇有货仓门锁作用不良或承运鲜、活物品需开启仓门时，要加锁链条锁。

2. 货位有序，堆码整齐，留有防火通道（通道底宽 50 cm，上宽 80 cm，装载高度距棚顶中心线高度不少于 50 cm）。站名牌悬挂准确、挂牢，隔离红带按规定放置。

3. 看票验证认真，登记清楚，安全注意事项交代详细。遇有押动物、植物时，同时查验检疫部门出具的检疫证明。

4. 贵、密件入柜加锁，不丢失，不泄密，并在栏内注明。

5. 票据按站顺整理，表簿资料填写及时、准确，字迹清楚。货位示意图与实际货位相符。

二、往程中途作业

（一）到站前作业

作业内容：

1. 到站前按票核对件数、到站，不卸行包用红带隔离。

2. 整理货物，将预卸货物移至货仓门边。

3. 做好到站前卫生，锁闭厕所。

作业标准：

1. 件数、到站正确，不卸行包用红带隔离。

2. 发生误装、误卸、货票分离等差错时，立即查找原因，及时处理，查清到站并编制客运记录，交站方处理。

3. 整理货物，将预卸货物移至货仓门边，做好前方站卸车准备。

4. 到站“三不带”：不带垃圾、污水、粪便。

（二）停站作业

作业内容：

1. 列车停稳后开门后先交要卸的行包票据、公文信件，指明应卸货位，监装监卸。大站双人组织装卸作业。

2. 向站方行李员提出前方停车站应卸件数、容积重量预报（传真）。

3. 盖章办理交接。重点货物重点交接。

作业标准：

1. 车门监装卸，点数正确，按站方装车计划，指定货位监装点数，组织装车，做到巧装满载。双人值乘时，执行大站双人作业规定。

2. 按规定预报，件数、重量准确。

3. 按规定与站方盖章办理交接，加盖规定印章，不信用交接。公司级大客户、时限快递及其他需重点交接货物，单独制证交接。

（三）开车后作业

作业内容：

1. 按规定加锁车门。

2. 整理货位，挂站名牌，放隔离红带。

3. 业务处理。

4. 对押运人员登记，交代安全注意事项。

5. 拍发电报，编制记录。

6. 整理职场卫生。

7. 加强货仓巡视。

作业标准：

1. 装车完毕，关闭货仓门，插好插销，风挡处端门、边门锁闭并加锁底锁（有运转车长值乘除外），连接其他车厢端门必须加锁隔离（不允许加锁底锁）。各车门无漏检，漏锁，确保安全。遇有货仓门锁作用不良或承运鲜、活物品时，需加锁链条锁。

2. 货位有序，堆码整齐，留有防火通道（通道底宽 50 cm，上宽 80 cm，装载高度距棚顶中心线高度不少于 50 cm）。站名牌悬挂准确、挂牢，隔离红带按规定放置。

3. 票据按站顺整理，表簿资料填写及时、准确，字迹清楚。货位示意图与实际货位相符。

4. 遇有押运人员时看票验证认真，登记清楚，安全注意事项交代详细。遇有押运动、植物时，同时查验检疫部门出具的检疫证明。

5. 遇有行包满载及时拍发电报；遇有行包超载、偏载时，立即汇报列车长、检车员，及时处理，视情节拍发电报，编制客运记录。

6. 按标准整理职场卫生，扫拖、整理办公间，冲刷厕所，做到清洁无卫生死角。

7. 行李车内严禁吸烟，严禁闲杂人员进入货仓，防止货物倒塌。

（四）交接班作业

作业内容：

1. 交班前卫生整备。

2. 交接票据、信件、设备设施，填写行李员乘务工作日志认真交接。

3. 交接押运人员情况。

作业标准：

1. 交班前整理职场环境，做到卫生无死角。整理用具、备品，做好交接班准备。

2. 与接班行李员进行交接，做到“七不交”：公文、信件、贵密件不清不交；行包件数不清不交；货位不清不交；行包堆码超规不交；备品不全不交；卫生不好不交；锅炉温度不达标不交。

3. 详细交接押运人员情况；重点货物单独交接。

三、折返站作业

（一）折返站到达作业

作业内容：

1. 整理职场卫生，冲洗厕所，锅炉室。

2. 到站前整理票据，清点件数。

3. 核对贵、密件，点清公文信件。

4. 填写“行包密度表”，汇总单程运送行包件数、重量；填记资料、台账。

5. 监督卸车，站车交接。

6. 差错处理。

7. 整理资料台账、设备设施。

8. 到折返站营业部乘务中心（室）报到；

9. 按规定到公寓休息；

10. 执行折返站库内看车制度；

11. 参加班组返乘会。

作业标准：

1. 到站前清扫地面，擦抹办公桌椅、柜、信格、洗脸池、照面镜，冲洗厕所、锅炉室，卫生做到“三不带”。

2. 票据正确，件数相符，资料台账填写规范、数据准确。设备设施齐全有效，作用良好。

3. 组织卸车，监卸点数，与站方办理交接，加盖规定印章。公司级大客户、时限快递及其他需重点交接货物单独交接。

4. 资料台账入柜加锁，设备设施定置摆放。

5. 到折返站营业部乘务中心签到，汇报单程工作，接受达示。

6. 到公寓休息时，执行外埠公寓的各项规定。

7. 严格执行冬季采暖库内规定，确保安全。

（二）折返站始发作业

作业内容：

同行李车始发作业内容。

作业标准：

同行李车始发作业标准；折返站始发前须到折返站乘务中心（室）办理出乘并接受达示。

四、返程中途作业

作业内容：

同行李车往程中途作业内容。

作业标准：

同行李车往程作业标准。

五、终到作业

（一）终到前作业

作业内容：

1. 清理职场卫生。

2. 终到站前整理票据，清点件数，汇总行包、公文交接证、电报、记录、“行包密度表”及站方装车计划清单，装订成册，并加封面，写清乘务日期、车次、班组、区间、件数、重量、行李员姓名。

3. 检查清理取暖锅炉。

4. 整理《列车行李员工作质量写实记录》，由列车长签字对本次值乘质量予以鉴定。

作业标准：

1. 到站前清扫地面，擦抹办公桌椅、柜、信格、洗脸池、照面镜，冲洗厕所、锅炉室，卫生做到“三不带”。

2. 票据正确，件数相符，点清公文、信件，贵密件数、重量统计正确，交接证装订整齐，封面逐项填写无遗漏。

3. 设备设施齐全有效，锅炉作用良好。

4. 如实填写，到达交乘务中心审核、保管，直趟出乘时领取。

（二）终到站作业

作业内容：

1. 监督卸车，站车交接。

2. 差错处理。

3. 按规定交接车辆设备、备品、清扫工具。

4. 妥善保管备品、资料。

作业标准：

1. 组织卸车，监卸点数，与站方办理交接，加盖规定印章。公司级大客户、时限快递及其他需重点交接货物单独交接。

2. 发生误装、误卸、货票分离等差错时，立即查找原因，及时处理。

3. 按规定交接车辆设备、备品、清扫工具。

4. 妥善保管备品、资料。遇有甩挂车命令时，将备品、资料妥善保管。

（三）终到退乘作业

作业内容：

1. 做好退乘、汇报准备。

2. 到营业部乘务中心（室）签到，上交表报，汇报趟车工作情况。

3. 退乘。

作业标准：

1. 按规定到营业部乘务中心（室）签到，上交行包密度表、行包装卸交接证、计划单、铁路公文物品运送单、“列车行李员工作质量写实记录”等表报，汇报本趟乘务工作情况，汇报详细、实事求是。

2. 按规定退乘。

第三节 行包运送

在列车行李、包裹的运输工作中，列车行李员除了负责行包的装卸、交接作业外，还担负列车运行途中，行包常规业务和发生问题的处理等任务，为行包安全、迅速、准确地送达到站起着重要作用。

一、列车运行中的常规作业

1. 车门管理

在始发和各种停车站行包装卸完毕，列车行李员应及时关闭货仓门，插好插销，货仓连接其他车厢端门必须加锁，风挡处端门、边门应加锁（有运转车长值乘除外），要求各车门无漏检、漏锁，确保安全。

2. 安全检查

列车运行中，行李员要经常巡视货仓，做好防火、防盗、防塌、防潮湿、防丢失工作。行李车应涂打“严禁烟火”、“轻拿轻放”、“大不压小、重不压轻”等标语。货位应悬挂到显示牌，必要时整理翻装，各站分开，码放整齐，到站一目了然，下站要卸的行包要放隔离带，注意位置准确，避免行包遗漏。

3. 押运人员登记

“客规”规定，车站承运金银珠宝、货币证券、文物、枪支、鱼苗、蚕种和途中需要饲养的动物等，要求发货人必须派人押运。押运人凭“铁路包裹运输押运证”和旅客列车全价车票登乘行李车押运。装卸车时，行包房与列车要对押运包裹进行重点交接，并在站车交接凭证上注明“自押××批××件”字样。

装车时，列车行李员要查验押运人的押运证和居民身份证，无有效押运证和居民身份证或者两者不符的，列车行李员应拒绝该批货物装车及押运人登乘行李车，由此引起的一切后果由装车行包房负责。

装车后，列车行李员要告知押运人安全注意事项和押运管理要求，指定押运位置，保管好押运人随身携带的火种（下车前归还），查验押运人车票，在《乘务日志》记事栏内登记押运人姓名、性别、身份证号码、联系电话，包裹票编号、押运证编号、包裹装卸车站等信息。

列车行李员要坚守岗位，加强巡视，监督押运人遵守铁路旅客及行李、包裹运输的有关规定。

押运须知：

（1）严格遵守铁路规定，服从铁路工作人员指挥，负责所押货物安全。

（2）凭证押运，不得饮酒，不得擅离职守。

（3）严禁携带易燃易爆等危险品进站上车，严禁在仓库和列车内吸烟、弄火、使用电器，随身火种交列车行李员保管。

（4）不得移动、翻动仓库和列车内的物品，不得靠近放射性物品，不准打开车门乘凉，不准在货垛高处坐卧、停留，杜绝人身意外伤害事故。

（5）密切关注行包动态，对危及货物和列车安全的情况，要立即报告铁路工作人员。

4. 整理票据，填写报表，分拣公文

列车从始发站和各停车站开出后，应按行李票、包裹票分别各站填写行李包裹装卸交接证（见表 6－1），其目的是保证行包的运输安全与完整，划清运输责任，凭此按规定办理站车交接。填写交接证时应注意票货核对，要求字迹清楚、准确无误。

列车行李员还应根据车内行包件数、重量、各站装卸行包情况填入“列车行包、包裹运输密度表”（见表 6－2）。该表是行包计划运输的原始资料，是行李员正确掌握行包密度，向前方车站提交预报的依据，能及时调整和挖掘运输能力，充分利用剩余能力，防止行李车超重或虚糜，实现行包的均衡运输。

表 6－2　列车行李、包裹运输密度表

年　月　日第　次列车　　段　　组行李员

行李车 XL　型　号

标记载重　　t

容　积　　m^2

件数 重量 / 到站 / 站名（区段）	站名	卸车件数 / 重量						
装车件数 / 重量							累计	
车内保有件数 / 重量								

乘务区间	值班行李员	记事

为了使行李车内货位使用充分、明朗，行李员应填写货位揭示板，将货位存放行包的件数、重量、去向标志清楚；对行包存放情况、货位利用一目了然。

为了便利路内各单位之间往来公文及其附件的迅速传递，准许由旅客列车或混合列车传递。列车行李员应将各站收到的公文、信件按站顺分存放入格内，无论挂号与否，均应注意保管、传递，保证不丢失不延误。传递过程中，还应填写公文交接证，对贵密件在记事栏内明。密件、公款的封皮封口处，要粘贴薄纸条，加盖骑缝章，在封皮的左上角，标明挂号的“字号”、“密别”或“贵重品”以便经办人易于识别。

二、列车行包运送中的问题处理

1. 行包运输变更处理

旅客在乘车途中，要求办理旅行变更的情况是经常发生的，而且办理时间比较紧迫。行包装运后，旅客或发货人要求运回发站或变更到站时（凭客票办理的物品，只办理运回发站和中止旅行站，鲜活物品不办）。办理规定如下：

（1）列车接到行李、包裹的变更电报后，找出该批行李或包裹及其票据。

（2）编制客运记录，连同行李或包裹和运输单据，交前方营业站或新到站（旅客在列车上要求变更时可按此办理）。

【例 6-4】变更包裹到站的处理

×年×月×日发货人李×在北京站托运至枣庄站文具两件，重 80 kg，票号 D068341，装运后发货人要求变更到商丘，包裹装于当日北京开往南京西站 65 次列车上。列车行李员找到该包裹后，编制客运记录如下交前方停车站徐州站。

××铁路局 客统—1

客 运 记 录

第 7 号

记录事由：包裹变更到站
徐州站：
接北京4月1日京发行（95）第8号电报，要求将北京发枣庄文具2件，重82 kg，票号D068341，变更到商丘站，现交你站处理。
站、车需要编制记录时均适用。　编制单位65次列车长　参加人员签字 ×× ×××　×年×月×日编制

85－3200本50页（101）库客131

2. 行包违章运输的处理

列车员发现行李、包裹有违章运输（包括品名、重量不符合及无票运输等）情况时应编制客运记录，连同该货件交到站，由到站按规定补收有关费用；如果是危险品应交前方停车站处理。无票运输指行包应办理托运手续而未办理的一种违章运输，此时站、车应拒绝装运，如已装运，列车长、列车行李员应编制客运记录到站处理，并通知其单位认真调查、严肃处理，必要时给予相关责任人纪律处分。

【例6－5】×年×月×日，昆明开往成都的2512次列车在西昌开车后，正在车内检查行包装载情况的行李员发现货仓内有两条蛇，立即通知了列车长、乘警一起捕蛇。这时又发现广通站发峨眉站冻带鱼一批（3件120 kg），票号B000118，其中一件木箱包装的一块木挡被其他行包压落，里面是冻蛇，行李员谨慎将木挡封回原处钉好。

处理：

①《客规》规定，蛇、猛兽和每头超过 20 kg 的活动物（警犬和运输命令规定运输的动物除外）不能按包裹运输。

② 少量蛇跑出，可设法抓住，使其不危及人身安全；数量较多不好控制时，可以停止行包作业，并拍电报通知货主，尽量不甩车，挂运至终到站处理。

③ 编制客运记录交到站处理。

④ 追究货主责任。

客运记录编制如下：

××铁路局　　　　客统一1

客　运　记　录　　　　第 8 号

记录事由：包裹品名不符
峨眉站：
×年×月×日×时，本次列车在西昌开车后发现广通站发峨眉站冻带鱼 1 批 3 件 120 kg，票号 B000118，其中 1 件木箱里面是冻蛇。现编记录交你站，请按章处理。
站、车需要编制记录时均适用。　　编制单位 2512 次列车长 参加人员签字　×× ×年×月×日编制

3. 行包发生事故的处理

列车运行途中，因车辆紧急制动而使货物倒塌、破损时，列车行李员应及时整理，查明行包破损件数、品名，去向和列车发生紧急制动时间、区段，并了解机车型号、所属段，请司机、运转车长证实，编制客运记录交行包到站和中转站，作为交接凭证和编制事故记录的依据。并应及时拍发电报给有关站，抄报主管铁路局和客运段。

【例 6-6】×年×月×日，5209 次列车运行至铁岭—开原间，由于列车紧急制动，行李车货仓内货件倒塌，将沈阳发长春站包裹 A711012 号，自押彩色电视机 1 件，25 kg 砸毁，列车行李员如何处理？

处理：列车行李员应编制客运记录如下：

沈阳铁路局　　**客统—1**

客运记录

第 10 号

记录事由：行李破损
长春站行李房：
5 月 1 日，5209 次列车运行至铁岭—开原间、由于列车紧急制动，行李车货仓内货件倒塌，将沈阳发你站包裹 A711012 号，自押彩色电视机 1 件，25 kg 砸毁，现编记录说明情况，并将该货交你站处理。
参加人签字： 5209 次列车长　　印
5209 次乘警　　印
5209 次列车行李员　　印
5209 次机车司机　　印
1. 站、车需要编制记录时均适用。　　编制单位　5209 次列车长 2. 本记录不能作为乘车凭证。　　参加人员签字 ×年×月×日编制

85-3200 本 50 页（101）库客 131

列车行李员遇有行包货签脱落、票货分离装卸造成误运时，应及时处理，查清到站，编制客运记录转送到正当到站，不得等货交换，严禁顶件。发现货物包装松散，可帮助缝上扎好，并详细登记该货物的品名、到站、票号、行包破损有异状或包装不符合规定的物品，应由交出者在交接证上注明，并加盖名章。如挂号公文信件封套由于非人为的原因而破损，应主动加封停止运送。遇有包封呈异状，有明显揭拆或遗失文件、物品的痕迹时，行李员应拒绝接受。

三、对列车行李员的管理

1. 列车行李员岗位任职条件

（1）文化素质：应具有初中以上文化程度，具有行李员职务资料证书。

（2）身体状况：身体健康，能信任本岗位工作，持有健康证。

（3）职业道德：遵章守纪、爱护行包、文明装卸、认真负责。

（4）技能要求：应熟知本岗位业务知识和职责，认真执行规章、制度、作业标准，具备妥善处理突发事件的能力。上岗前应通过安全、技术、业务培训，经分公司理论、实做考试合格后，持证上岗。

2. 行李车定置管理标准

（1）规章资料。

规章资料依据《铁路旅客运输服务质量标准》配置标准，运行中按从大到小（A4→A5）由左至右排列，定置于办公桌面左侧靠车窗处，值乘完毕入柜。

(2) 设备设施。

① 灭火器材：4具水型（干粉）灭火器装挂于灭火器套内。

② 隔离红带：隔离红带（捆齐）定置于办公桌右侧抽屉内。

③ 站名牌：定置于办公桌右侧抽屉内。

④ 链条锁：定置于办公桌右侧抽屉内。

⑤ 货票、交接证：定置于办公桌中间抽屉内。

⑥ 办公用文具：笔、计算器、印纸、票夹、垫板等定置于办公桌中间抽屉内。

⑦ 暖瓶：定置于行李车办公间密件柜边并配有暖瓶座。

⑧ 水杯：定置于行李车办公桌上右前角。

⑨ 清扫工具：墩布（洗净）、笤帚、撮子清扫后放在水桶内，定置于行李车厕所门后。抹布叠摆成方块形，定置于厕所梳妆台靠门一边；无梳妆台的叠摆成方块形定置于洗面池边上靠车窗玻璃一侧。

⑩ 焚火工具：铁锹、铲子（摇把）、炉钩（钎子）定置于行李车锅炉室内左侧小水箱一侧。

⑪ 箱包：轮乘制列车行李员箱包必须统一放置在宿营车规定位置，列车未编挂宿营车的，箱包可定置于行李车办公间行李架上。

⑫饭盒：定置于办公桌左侧抽屉内。

(3) 标志揭挂。

① 货位示意图、本次列车时刻表：定置于行李车办公间靠货仓一面墙壁左侧。

② 岗位责任制、押运人员须知：押运人员须知定置于行李

车办公间靠货仓一面墙壁右侧。

③ 严禁烟火标志：定置于行李车货仓一位端月牙板正中位置，与“爱护行包”位置相对。

④ 爱护行包标志：定置于行李车货仓二位端月牙板正中位置，与“严禁烟火”位置相对。

⑤ 公司所辖列车行李员印章应按《关于加强行李车乘务基础管理工作的通知》（快运网〔2006〕254 号）的要求管理。

3. 列车行李员作业流程（见图 6—1）

4. 列车行李员乘务管理制度

加强对列车行李员的乘务管理是公司实现站车一体化管理目标的重要组成部分，是保证货物安全、准确、便利、优质送达的重要措施。

（1）列车行李员乘务管理模式。

列车行李员的乘务管理主要是以属地营业部管理为主，同时发挥专业公司网络的优势，实施网络互控与值乘中“四乘一体”管理相结合的模式。

（2）网络管理的权利和职责。

① 对各分公司所管辖区域内所属营业部和途径各次列车行包运营的安全服务质量进行监督检查。

② 对违章违纪和影响行包运营安全、服务质量的列车行李员给予通报批评，限期整改，并予以经济处罚及建议给予行政处分。

③ 对全公司所辖范围内的列车行包运输安全及服务质量进行动态监控。

④ 查阅营业部及列车行李车的有关文件、档案、卷宗、票据等资料。

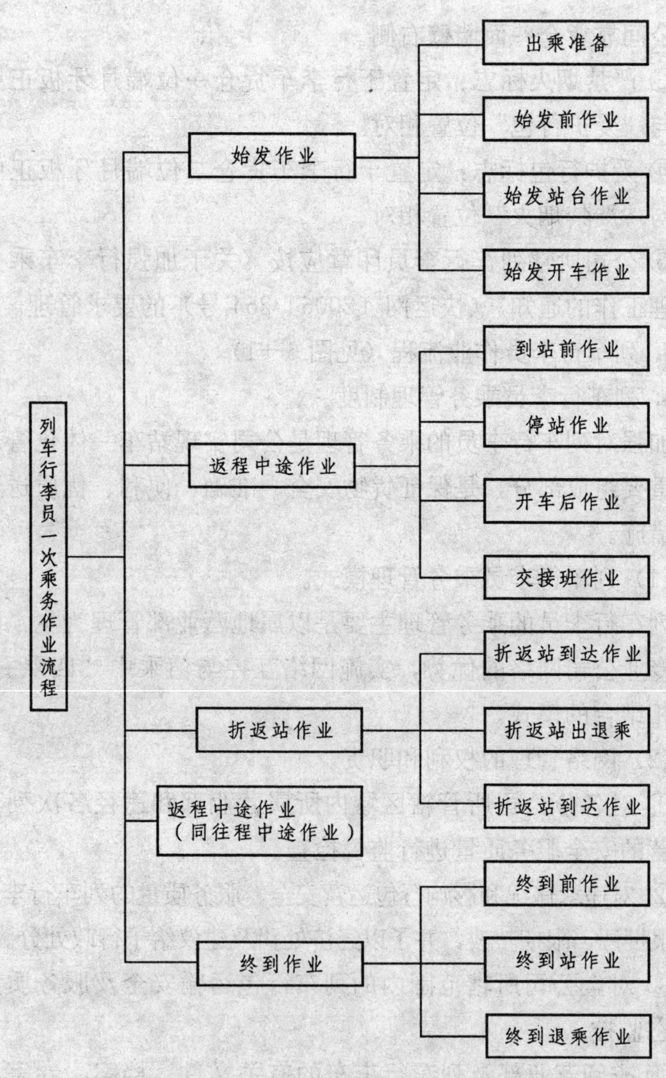

图 6—1　列车行李员作业流程图

（3）“四乘一体”管理中列车长的监管职责。

① 列车长依据“铁路旅客运输服务质量标准”实施考核。

② 列车长应加强对行包运输的乘务管理，列车始发时必须检查行李员的作业情况及行包装载情况。

③ 列车长巡视车厢时，同时对行李车的日常工作工作进行检查；遇有特殊、应急物品运输时，应严格执行有关规定，随时掌握货物运输中的情况，确保货物的运输安全。

④ 各分公司与属地客运段签订列车长对行李车的监管协议，明确责任、权力、利益。

（4）列车行李员安全、服务质量问题的判定与处理。

①“红线”管理。对发生下列问题的责任人，视为“触红线”。分公司应按照与铁路局签订的“集体劳务用工协议”的有关规定处理，退回劳务输出单位，触犯法律的移交司法部门处理。

·在乘务期间伤害旅客、货主及其他人员情节严重者（责任人承担医疗费用）。

·在乘务期间违法乱纪，受治安拘留或行政记过以上处分的。

·在乘务期间酗酒、赌博。

·利用职务之便私带无票人员，私留行李车货位，获取私利；捎带盈利性物品，私带货物情节严重者。

·行包运输发生责任火灾、爆炸及行包灭失、破损，构成行包重大、大事故。

·利用职务之便，盗窃运输物资。

·故意损坏车辆设备、运输物品。

·服务行为粗暴，推、拉、拽旅客、货主，造成投诉或影响恶劣的（新闻媒体曝光）。

·每月在工作质量考评中，被累计处罚三次以上的。

·漏乘。

②“黄线”管理。对发生下列问题的责任人，视为“触黄线”。应给予调离本岗位处理，年内连续两次发生的比照“红线”管理考核中相关条款处理。

·被各级检查组通报批评。

·刁难、调戏旅客，并向旅客、货主进行敲诈、勒索钱物。

·参与非法速递活动，无论是否获取利益。

·旅客在乘务室逗留。

·收受押运人员的各种钱物。

·行李车发生异常情况，不及时报告，造成不良影响或损失。

·中途作业，不办理站车交接或在行李车有能力情况下拒装行包。

·发生火灾苗子。

·不按规定出勤、退勤；在值乘中串岗、睡觉及其他违反“两纪”行为，造成失控的。

·旅客、货主投诉，经核实属一般服务质量问题的。

③ 各分公司应依据上述规定，自行制定列车行李员日常管理细则及考核办法，并报公司业务管理部备案。

（5）乘务管理考核的信息传递渠道。

① 网络监督管理的信息传递通过各网络监察人员在网络检查时发现的问题时，及时填写“安全质量监督监察记录”、“服务

质量问题判定书”并加盖监察名章（一式三份：一份当事人，一份交所属分公司，一份自存）的方式进行。

②“四乘一体”的管理信息传递通过列车长将值乘中对列车行李员实行监控、监管后的情况和上级有关职能部门监督检查的情况填写在“列车行李员工作质量写实记录”，由列车行李员退勤后将“行李员工作质量写实记录”交相关营业部乘务中心“室”的方式进行。

③ 营业部乘务中心（室）应依据“安全质量监督监察记录”、“服务质量问题判定书”和“列车行李员工作质量写实记录”中提出的问题，及时与有关部门反馈信息，提出处理意见。

第七章　旅客运输安全及应急处理

第一节　概　述

一、旅客运输安全

保证旅客运输安全是关系到人民财产和国家及铁路企业声誉的头等大事，必须十分重视。安全运输是我国铁路运输组织的基本原则之一，也是衡量运输工作质量好坏的重要标志。确保旅客和行李、包裹运输的安全是客运职工的首要职责，也是提高客运服务质量的前提。必须以对国家对人民高度负责的精神，将安全摆在客运工作的第一位，牢固树立“客运安全无小事”的观念，牢记“责任重于泰山，安全高于一切”的宗旨。经常开展“四查”活动，认真实行安全责任制，规范安全管理，狠抓关键区段、要害部位，做到防患于未然，消灭一切事故，确保运输安全。

1. 安全管理

抓好安全生产、确保客运安全，任务繁重。列车长首先要抓好安全管理工作，经常对车班乘务人员进行政治思想、安全知识和遵章守纪的教育。提高安全意识，加强责任感，掌握应急处理预案。

列车长应建立健全安全管理组织（防火消防队）和安全管理制度，经常开展查思想、查纪律、查制度、查领导的“四查”活动，制定防范措施。

搞好安全，列车长最重要的是检查落实各项安全规章、制度、措施的执行情况，抓好客运七项卡死制度，严把安全十道关。

客运七项卡死制度的内容为：卡死车门管理，“两炉一灶”管理，食物中毒，油炸食品制度，隔离车管理，邮政、行李、加挂车管理，卡死出乘前、乘务中、折返站的纪律。

安全十道关是指：边门关、“三品”关、烟头关、人身安全关、“三房一仓”关、重点旅客关、餐车关、行包关、行李架关、开水关。

列车长巡视或检查中，发现车班人员违章违纪，应及时教育、纠正，并严格考核；发现设备隐患，及时处理。将事故苗头消灭在萌芽状态。

2. 安全宣传

搞好站、车秩序，列车长必须教育乘务人员经常向旅客宣传铁路安全旅行常识，加强防火、防爆、禁止携带危险品的安全宣传工作。劝告旅客不在无烟车厢内吸烟，不要将瓜皮果壳丢在取暖器或其他电气设备上，丢烟头时要将烟头熄灭。劝告旅客不要乱动车厢内的紧急制动装置，防患于未然。列车长应督促广播员做好安全宣传工作，以消除事故隐患。

【案例 7-1】 ×年×月×日，L658 次列车英德站开车后，9 号车厢列车员×××，发现该车 2 位边门排水孔冒烟，急忙向当班列车长报告，列车长接报后会同检车长迅速赶赴现场，经认真细致地检查、确认，原来是一个未熄灭的烟头滚入该孔内，引燃堵塞在该孔内的残留果壳垃圾而冒烟，马上取水灌入孔内将火苗熄灭。

3. 列车停站时的安全

列车停站时，列车长要督促列车乘务员注意旅客上下车的安全，维持好站台秩序，组织旅客排队，先下后上。客流大时，要将旅客分散在各个车厢，做到均衡输送。列车员在车门口看票上车，注意照顾重点旅客上、下车的安全。严禁从背面上下车。停站时，为维持车内秩序，软卧包房、餐车、硬卧车要互相锁牢，做到“三不通”。

送亲友者一般不能上车，特殊情况已经上车的，开车前五分钟，列车广播以及各车厢乘务员要通知他们下车，并站到站台安全线内。同时，列车员应动员车门的旅客回到车厢去，以免列车开动时，车上车下互相握手而发生危险。

列车在乘降所停车，由客运乘务员传递信号。这时一定要注意瞭望，列车长确认各车厢旅客上下完毕后，才能给运转车长信号。

4. 列车运行中的安全

列车运行中，列车长要重点抓好车门管理工作，经常检查督促乘务员认真执行“停开、动关锁、出站台四门检查瞭望”的制度，牢记列车边门管理四门制十句话，即“停开动关锁，自检互检要认真；临时停车要瞭望（左单右双），严禁上下防攀登；坚守门岗不离开，验票上车要执行；先下后上排好队，扶老携幼保安全；反面边门要注意，严禁旅客上下车”。同时做好宣传工作，动员旅客不要站在车厢连接处，不要手扶门框、风挡，不要将头手伸出窗外。锁闭车门时，要一关二锁三拉四销。检查目的一是瞭望是否有人扒车，二是检查车门有否漏锁或锁件失灵。加强车门管理，是维护旅客安全的重要保证。任何乘务员都必须严格执行车门管理制度，切不可掉以轻心。

乘务员应提醒带小孩的旅客看管好自己的小孩，以防发生意外。行李架上的物品应摆放平稳、牢固，较重的物品、锐器、杆状物品，玻璃制品等应放在座位下面。车厢内开水桶和锅炉间随时加锁。茶水员送开水时，壶加套，嘴加塞，稳步慢行。乘务员为旅客倒开水时，两脚站稳（列车过弯道或道岔时不倒水），对准杯子，不倒过满，避免烫伤旅客。

列车通过大桥、隧道时，乘务员提前锁闭厕所，动员旅客关闭车窗。运行中非工作联系，任何人不得进入行李车、软卧包房、餐车厨房和广播室，以保安全。

二、危险品的范围及处理规定

1. 危险品的范围

具有燃烧、爆炸、毒害、放射性等物质，在运输过程中能引起人身伤亡、人民财产受到毁损的物质，均属危险货物。

常见危险品按其性质和运输要求分为十大类：

（1）爆炸品：如雷管、导火线、炸药、鞭炮、子弹、发令纸等。

（2）氧化剂：如氯酸钠、高氯酸钠、漂白粉、硝铵化肥等。

（3）压缩气体和液化石油气、煤气、氧气、氢气等。

（4）自燃物品：如黄磷、硝化纤维胶片、油布及其制品。

（5）遇水燃烧物品：如金属钠、镁、电石、铝粉等。

（6）易燃液体：如汽油、煤油、酒精、松子油、油漆等。

（7）易燃固体：如红磷、硫黄、松香、铝粉、火柴等。

（8）毒害物：如砒霜、氯化钠、磷化锌、沥青、敌敌畏等。

（9）腐蚀性物品：如硝酸、硫酸、盐酸、臭双氧水、烧碱、苛性碱、磷酸等。

（10）放射性物品：如磷、夜光粉、放射性同位素、131、临32、H3气体等。

此外，常见危险品还有指甲油、洗甲水、定发水、香精、万能胶水、立时得、松香水、樟脑、油毛毡、沥青纸、染发水、染皮鞋水、鸡眼水、蜡纸改正液、照相红碘水、双氧水、定发胶、粘胶、空气清新剂等。

2. 危险品的处理

为了保证旅客运输的安全，《铁路法》的第四十八条规定：禁止旅客携带危险品进站上车。铁路公安人员和铁路职工有权对旅客携带的物品进行运输安全检查。站、车应加强禁带危险品的宣传，铁路公安人员和客运人员要密切配合共同做好检查危险品工作，严把“三品”检查关。

在列车上查堵危险品时应认真执行“宣、看、闻、问、摸、查”六字作业法。“宣”是指向旅客宣传携带危险品乘车的危害性；“看”是指注意观察旅客携带物品有无异状及神情是否异常；“闻”是指闻一闻周围有无异味；“问”是指发现携带物品可疑时，问一问里面装的什么；“摸”是指在整理行李架时，触摸携带品有无异状；“查”是指请旅客开包检查。需要注意的是对旅客要讲清道理，多做宣传工作，不准利用执行任务之便而耍权威有意刁难侮辱旅客。

对查出的危险品，根据《铁路法》的规定予以没收。数量较大的交由铁路公安部门处理；对大量携带危险品，性质恶劣，情节严重者，按有关法律规定处理。列车上查处的危险品，由值乘的公安人员妥善保管，移交最近前方停车站公安派出所处理，车站不设公安派出所的，则由列车长编制客运记录移交车站处理。对发令纸、鞭炮类的危险品，应立即浸水处理。对携带危险品进站上车，造成事故时，按国家有关规定处理。

【案例 7-2】 ××年×月×日，36 次（广州一柳州）列车于广州站开车前三分钟，6 号车厢列车员××，认真执行始发站整理行李架同时检查“危险品”的规定，在 5 号座位的行李架上，查获旅客×××违章伪装夹带易燃液体共 2.5 kg，立即交列车长，编制记录交广州站处理，确保了旅客列车安全。

三、列车消防安全

1. 消防基本知识

（1）火灾常识。

火灾燃烧分为：初始阶段、发展阶段、猛烈阶段、下降阶段和熄灭阶段共 5 个阶段。燃烧在初始阶段时是扑救火灾的最佳时期，时间为起火后 3～5 min。

火灾分为 A、B、C、D、E 五类，即：固定物质火灾、液体和可熔化的固体物质火灾、气体火灾、金属火灾及电气火灾。电气火灾既有季节性，多发生在夏、冬季；又具有时间性，许多电气火灾往往发生在节日、假日或夜间。

电器火灾种类有：变压器火灾、配电盘火灾、电动机火灾、照明设备火灾、电热设备火灾、电焊设备火灾等。

灭火的基本原理就是要破坏或切断燃烧三要素的相互关系和作用，一般采用冷却、窒息、隔离和化学抑制的4个方式。

(2) 旅客列车的火灾原因及危险性。

① 炉灶设备不良，使用管理不善；

② 电气设备损坏、老化、绝缘不良和违章用电；

③ 在禁烟部位吸烟，乱扔烟蒂；

④ 旅客携带品或托运包裹内夹带危险品上车及列车安全设施损坏等；

⑤ 客车停站时顽童、盲流等上车人为弄火。

⑥ 电气线路、设备故障，特别是隐蔽部位电线未穿管保护，周围有易燃易爆或可燃物；

列车火灾的危险性主要体现在车上人员高度集中，不易疏散逃生。灭火设施少，救援困难。火灾易于蔓延等方面。

2. 消防管理

(1) 旅客列车消防安全台账内容：

① 上级有关消防工作的文件（复印件或摘抄件）；

② 列车编组及乘务人员概况；

③ 列车防火组织机构及成员；

④ 扑救火灾事故应急方案；

⑤ 防火安全会议和活动记录；

⑥ 乘务人员消防安全培训记录；

⑦ 乘务人员上岗证登记；

⑧ 餐车炉灶清扫记录；

⑨ 三乘联检记录；

⑩ 消防器材登记。

（2）旅客列车防火领导小组的职责：

① 认真贯彻执行上级有关消防工作的规定和部署，每月召开一次防火安全领导小组会议，总结、安排消防工作。

② 组织车班乘务人员认真学习消防知识，定期进行考核，达到人人“三懂三会”。

③ 建立车班消防安全考核制度，检查督促乘务人员落实岗位防火责任制。

④ 组织防火检查，及时消除火灾隐患。

⑤ 做好对旅客的防火安全宣传教育工作，制定易燃易爆危险品查堵措施，组织乘务人员认真开展查堵工作。

⑥ 细化和完善扑救火灾事故应急方案，明确分工，定期演习，熟练掌握。

⑦ 建立车班消防安全台账。

（3）客车消防安全 4 个 100%的内容。

① 茶炉、锅炉间要 100%做到室内干净无杂物，地面无油垢，离人加锁，非取暖期间锅炉室封闭。

② 消防器材要 100%配齐、有效、乘务人员做到知位置、知性能、会使用。

③ 乘务员对紧急制动阀要 100%做到知位置、会操作使用。

④ 乘务中客运部门各工种要 100%做到在岗在位。

（4）乘务人员“三懂三会”的内容。

懂得本岗位的火灾危险性，懂得预防火灾的措施，懂得火灾的扑救方法；会使用消防器材，会报警，会扑救初起火灾。

（5）旅客列车防火安全检查规定。

铁路局对列为铁路局防火重点的旅客列车，每年防火检查应不少于两次。每次检查都要将检查情况填入统一印制的旅客列车防火检查记录表，以备检查人员查阅。

客运段、乘警大队应分别组织有关干部和业务技术人员，每季度检查一次。各车队对车班的消防工作，应结合其他安全业务，每月检查一次。车班的防火安全领导小组，要经常对车班防火制度的落实情况进行分析小结，列车长、乘警、乘检和其他乘务员，要对照自己的岗位防火责任制，认真检查落实。

列车防火防爆检查的重点部位：一是“两炉一灶一电”设备安全状况；二是配备的灭火器材的数量、质量；三是循环水泵箱、观察孔、煤斗箱、暖气管、座位下等阴暗隐藏处所，是否有异常物品、可燃杂物和火种；四是各种消防标志是否齐全，通道是否堵塞。

（6）对旅客列车特殊工种在消防工作的要求。

铁道部印发的《铁路旅客列车消防管理规定》对操作的“二炉一灶”和空调、照明等电气设备的乘务人员，要经过专门的消防知识培训，取得合格证后方可上岗。

（7）客车“三乘联检”制度的规定。

各车班应严格执行“三乘联检”制度。邮政车、加挂客车纳入车班消防管理，列车始发前，由列车长、乘警长、车辆乘务长对列车火源、电源和消防器材进行全面检查，运行中重点检查，终到后彻底检查；检查结果由检查人员分别签字确认，严禁代签、漏签和弄虚作假。

3. 客车重点部位消防管理

（1）“两炉”使用管理的基本要求。

“两炉”必须设备良好，安全可靠。要由持有合格证的人员操作使用，并严格按照程序操作。在使用中做到“不漏水、不漏气、不滋火、不超温、不干烧”，不用易燃液体引火助燃，向炉膛内加煤时要仔细检查有无爆炸物，清出炉灰用水浇灭，炉室内不准放杂物，人离锁闭炉室，停炉时要把火压好。停用炉室必须彻底清除可燃物，将门锁闭。

(2) 餐车炉灶防火安全管理的基本要求。

餐车炉灶不准使用临时电源吹风助燃，运行中严禁炼油，油炸食品和过油时油量不得超过容器容积的 1/3。每趟往返进行一次清除炉灶、烟囱、排油烟罩的油垢，并认真填写清除记录。乘务人员严禁使用自备炉具和电热器具。

(3) 配电间、工具间、乘务室的防火安全管理要求。

配电间、工具间、乘务室内禁止堆放各种杂物，做到人离门锁，门窗玻璃透明无遮挡；配电柜、控制箱门锁必须良好，人离锁闭；乘务室内除备品和列车员必需用品外，禁止放置其他杂物，人离时必须确认室内无火种并将门锁闭。

(4) 发电车防火安全管理要求。

发电车内严禁闲杂人员进入，车内保持整齐清洁，无漏油、无漏水、无油污，严禁存放杂物。用弃的油棉应集中妥善放置，不得随意丢弃在发电车内。发电车内安装的火灾自动报警探测器每年应由有资质的消防中介服务机构进行一次清理，并做好相关的功能试验，出具测试报告。车辆乘务员应做好相应的运行记录。

(5) 邮政车、行李车防火安全管理要求。

邮政车、行李车货仓要留有安全通道，宽度不小于 0.5m，不得堵塞端门，照明灯具下方不准堆放物品。邮政车、行李车严禁使用明火或电炉等大功率电器烧水做饭。未经铁道部主管部门和公安消防机关同意，严禁擅自增设使用各种电气设备。

（6）客车电气设备使用管理要求。

电气设备必须由持有合格证人员检查维修，并严格按程序操作。车厢电源和电气设备必须保持状态良好，严禁乱拉电线、擅自加装电气装置，禁止在配电室、配电柜、配电箱内和电气设备上放置物品。保险丝容量必须符合规定标准，严禁用水冲刷地板。

除车辆出厂配属的电气设施，增设其他电气设备必须经铁路局车辆主管部门及公安消防监督机构同意。

每辆空调客车乘务室内配备一把应急铁锤，乘务员要妥善保管，做好交接记录。

4. 客车消防措施

（1）发现车厢内有旅客违章携带的易燃液体溢出时的处置。

发现车厢内有旅客违章携带易燃液体溢出时，乘务人员应立即动员旅客熄灭一切火种，及时开窗通风，并将溢出的易燃液体清除干净，剩余的应妥善处理。

（2）列车上查获或旅客主动交出的易燃易爆危险品的处理。

对列车上查获或旅客主动交出的危险品要做好记录，妥善保管，交前方停车站处理。对查获收缴的鞭炮、发令纸、火药等危险品应及时用水浸湿；对判明不了性质的危险品及其他可疑物品，严禁在车上进行试验。

（3）车厢内发生旅客携带的行李、包裹等一般可燃物起火的扑救。

在火势没有蔓延的情况下，可先用车厢内的水将火扑灭。能不动用灭火器时尽量不用，防止扩大损失，造成惊慌。

（4）车内配电设备起火的扑救。

电气设备发生火灾时，应立即切断电源，并用 ABC 干粉灭火器，迅速将火扑灭。

（5）餐车油锅起火的处理。

油锅或其他容器内发生火灾时，可用石棉被或车上棉被、毛毯等织物浸水后，覆盖在锅口或容器上，火势就会窒息熄灭。

（6）车内茶炉、取暖炉一旦缺水温度过高的处理。

立即打开炉门，采取封火、压火措施，待炉温降下后，再行补水。

（7）列车在区间发生火灾的处理。

列车在区间发生火灾时，当上级领导和公安消防人员未到达之前，火灾扑救工作由列车长组织指挥，其他人员密切配合。火灾扑灭后，列车长、乘警长、检车乘务长要对起火部位进行全面检查，确认火已经完全熄灭，在确保安全的情况下，按有关行车调度命令，列车方可继续运行。

第二节　列车乘务员作业安全

保证广大旅客的安全，是客运人员应尽的职责。而保障客运人员自身人身安全，又是做好服务工作的先决条件。

（1）新职人员须经过业务知识和技术安全教育培训、考试合格取得合格证书，持证上岗。

（2）列车乘务员接班前必须充分休息，保持精力充沛。不得在接班前和工作中饮酒。如有违反，列车长应停止其工作。

（3）出乘时不得穿塑料鞋、木板鞋和带钉的鞋，女同志不要穿高跟鞋。

（4）通过线路时，应走天桥、地道，无天桥、地道时则走平过道，并执行“一停、二看、三通过”制度。严禁钻爬车底，跨越车钩。顺线路行走时应走路肩，不走轨心、轨面和轨枕头，并随时警觉前后列车。禁止在运行中的机车、车辆前抢越线路。夜间出乘或返乘时，要特别注意信号机的显示和调车情况。

（5）严禁摸黑开关电器设备，防止触电。

（6）在电气化铁路区段，禁止攀爬车顶进行任何作业，禁止使用胶水管冲刷车辆上部，冲洗车辆下部时胶水管不得朝上，严禁用铁钩捅炉灶或茶炉烟囱，严禁手持长竹竿等物竖立和向上抛扔搭挂绳索等物件，防止触电。如电气化区段附近发生火灾。立即通知列车调度员、电力调度员或接触网工区值班人员，用水或一般灭火器浇灭接触网带电部分不足 4 m 的燃着物时，接触网必须停电；使用沙土灭火距接触网 2 m 以上者可不停电。

（7）列车运行中禁止高空作业，必要时身系安全带，梯子有人扶，物品不下掷；整理行李架应站稳扶牢，防止倒下跌伤，也要防止物品掉下砸伤旅客。

（8）列车运行中不准躺在休息车铺位和行李车货仓内吸烟，以免引起火灾。

（9）列车行李员装卸行包，应于车停后开始，车动前停止作业，严禁车动抢装抢卸、抓车、跳车或随车奔跑。

（10）给水员给客车上水应戴好安全帽，穿好防护服，注意脚下杂物和来往车辆。

(11) 乘务员在上下车时，要紧握扶手，不飞乘飞降。列车运行中不允许打开车门乘凉、打招呼，探身窗外，倾倒垃圾。列车头尾部风挡处和餐车厨房侧门要安装安全防护栏。餐车刀具安放牢固定位，炊事员切菜时注意列车运行，思想集中，避免切伤手指。

(12) 列车停站开门下车时列车员应抓牢扶手，防止下车旅客将自己挤下车摔伤。站立车门处组织乘降时，注意来往机动车辆和旅客携带品，防止碰伤。在停车 3 分钟以内的车站或发车铃响毕，不要由车下送开水。乘务员在发车铃止应立即上车，放脚踏板，车动关门、锁门。

(13) 列车长、乘警长、检车员下车处理问题时，应注意掌握时间，防止漏乘，乘务员应留好车门。有时车已启动，乘务员来不及上车不得强行扒车或呼唤别的乘务员使用紧急制动阀停车，而应改乘下趟快车追赶本次列车。列车长应指定人员代替其工作。

【案例 7-3】×年×月×日，某客运段列车员××值乘 251 次旅客列车，在玉屏—新晃间从当班的车厢回休息车，从列车尾部坠下摔伤。

【案例 7-4】×年×月×日，某客运段列车员××值乘 35 次旅客列车到站交班，后返回休息车拿乘务包下车时，列车启动，他不幸滑入股道，右腿下肢 1/3 处压断，左腿膝关节处挤碎。

【案例 7-5】×年×月×日，某客运段厨师××值乘临客到达郑州后，套跑漯河—郑州 388 次。在漯河临时停车时，他见餐车顶部的烟囱排风口的朝向不利于排烟，于是攀上餐车顶部调整烟囱口，结果被电网的高压电击中，当场死亡。

第三节 旅客发生疾病和意外伤害处理

发生旅客人身伤害或急病时，站、车均应千方百计抢救，会同公安人员勘察现场，收集旁证、物证，调查事故发生原因，编制有关记录。列车需向车站移交时，开具客运记录，并根据有关规定进行处理。

一、旅客发生急病或死亡的处理

持有车票的旅客和无票人员，在车站、列车上发生急病、死亡时，按国务院批转铁道部制定的“旅客丢失车票和发生急病、死亡处理办法”规定处理。

（1）持有车票的旅客在列车上发生急病时，列车长应填写客运记录，送交市、县所在地的车站或较大站转送铁路医院、地方医院或传染病医院治疗。

（2）旅客因病治疗产生的医疗费由旅客自己承担。

（3）旅客在列车上死亡时，列车长应填写客运记录，会同公安人员，将尸体和死者遗物交给市、县所在地的车站或较大的车站，接收站按照在车站死亡时办理。

（4）对死者的遗物妥善保管，待死者家属或工作单位前来认领时一并交还。旅客死后所需的费用，先由铁路部门垫付，事后向其家属或工作单位索还。如死者家属无力负担或无人认领，铁路可在“旅客保险”项下列支。

(5) 没有车票的人员，在列车上发生急病或者死亡时，由铁路部门负责处理。

【案例 7-6】 ××年×月×日 K504/1 次（广州—张家界），郴州站开车后不久，5 号车厢旅客王×（男、50 岁、身份证号×××）突然晕倒（有陪同人员一名），经广播找医生诊断为高血压病复发，急需下车（前方停车站衡阳）治疗。（王×　车票：广州至湘潭 E0002513；陪同旅客：××　车票：广州至湘潭 E0002514）。列车长应如何处理？

经医生诊断救治后，列车长应编制客运记录，连同病人及其车票一并交衡阳站处理，陪同人员随同（携带物品自带）。记录填写如下：

××铁路局　　**客统—1**

客　运　记　录　　**第0201号**

记录事由：移交急病旅客
衡阳站：
2 月 23 日 K502/3 次列车旅客王×（男、×岁、身份证号×××）于郴州站开车不久突然晕倒，经广播找医生诊断救治，为高血压病复发，急需下车抢救。现将病人及同行人一并交贵站，请按章处理（携带品自带）。旅客持有车票：广州—湘潭 E0002513 和 E0002514。

注：
1. 站、车需要编制记录时均适用。
2. 本记录不能作为乘车凭证。

站　　K502/3 次
××段　编制人员　　（印）
段　　列车长　×××

签收人员（印）

××年 2 月 23 日
编制

二、旅客人身伤害事故的处理

1. 旅客伤亡事故的种类和等级

旅客意外伤害，是指持有效车票的旅客，经检票口进站验票加剪开始，至到达目的地车站缴销车票时止（中途和中途下车的旅客自出站至进站期间除外），在旅行中遭受到外来、剧烈及明显的意外伤害（包括战争所至者在内），致使旅客人身受到伤害以至死亡、残疾或丧失身体机能者，均属于旅客人身伤害事故。

（1）旅客人身伤害事故的种类。

根据旅客人身伤害程度分为三种：

① 轻伤：伤害程度不及重伤者。

② 重伤：肢体残疾、容貌毁损、视觉、听觉丧失及器官功能丧失（具体参照司法部颁发的《人体重伤鉴定标准》）。

③ 死亡。

（2）旅客伤亡事故等级。

① 轻伤事故：是指只有轻伤没有重伤和死亡的事故。

② 重伤事故：是指有重伤没有死亡的事故。

③ 一般伤亡事故：是指一次造成死亡 1 人至 2 人的事故。

④ 重大伤亡事故：是指一次死亡 3 人至 9 人的事故。

⑤ 特大伤亡事故：是指一次死亡 10 人至 29 人的事故。

⑥ 特别重大伤亡事故：是指一次死亡 30 人以上的事故。

2. 旅客发生意外伤害的处理

(1) 处理办法。

在列车上发生旅客伤害时（发现旅客在区间坠车时应停车处理，但特快旅客列车不危及列车运行安全时除外），列车长应立即会同公安人员检查旅客伤害程度，及时采取抢救措施，检查旅客所持车票的票种、票号、发到站、车次、有效期及是否加剪和随身携带品，详细做成记录；收集不少于两份的受害人、同行人、见证人的证实材料和物证。

列车需要向车站移交受伤旅客时，应提前通知车站做好救护准备工作。移交车站应当是三等以上车站（停车处理时为就近车站），车站不得拒绝受理。列车向车站办理移交手续时，编制客运记录一式两份（一份存查，一份办理站、车交接），连同车票、旅客随身携带物品清单、证据材料一起移交。特殊情况来不及编写记录时，必须在三日内向接受处理站补交上述材料。如伤害是由犯罪行为造成的，则乘警还应开具公安记录，将有关当事人一并交车站处理。

在站内或者区间发现旅客坠车时，应迅速通报有关列车。有关列车接到通报时应立即调查情况，收集旁证材料和旅客携带品并在三日内向处理站移交。

为保障旅客的合法权益，搞好铁路安全生产，发生旅客人身伤害事故后，事故发生单位和受理站代表铁路运输企业应本着公平合理、事实求是的原则，积极主动处理事故。

【案例 7-7】 ××年×月×日 1668 次（广州—福州，××

客运段承担乘务）旅客肖×（男、39岁、身份证号：×××）于马坝开车后，因6号车厢左侧第三个车窗滑落，砸伤其左手中指，经广播找医生（李瑞、男、50岁、广东省人民医院医师、身份证号×××）救治后（包扎止血），初步诊断为骨折。旅客杨×车票：广州—萍乡硬座客快联A1623，随身旅行包一件。列车长应如何处理（前方停车站为韶关）？

此时，列车长应收集旁证材料（二份以上）及医生开具的初步诊断意见书，编制客运记录，连同伤者及其车票、旁证材料一并交韶关站处理（旅行包自带）。若旅客行李不能自带，则应附物品清单一份。

（2）事故速报。

站、车发生旅客伤害事故时，应立即向上级主管部门及有关路局主管部门拍发事故速报（条件允许时，应先电话汇报事故概况）。发生重大、大事故时，应报铁道部和铁路局客运主管部门。发生事故造成旅客伤亡人数较多时，应通报地方政府和医院，请求协助抢救。

事故速报内容：

① 事故种类；

② 发生日期、时间、车次；

③ 发生地点、车站、区间、里程；

④ 伤亡旅客姓名、性别、国籍、民族、年龄、职业、单位、地址；

⑤ 车票种类、发到站、票号、身份证号码；

⑥ 事故及伤亡简况。

（3）旅客伤亡事故责任单位的划分。

铁路旅客人身伤害事故责任分为旅客自身责任、第三人责任、铁路运输企业责任及其他责任。

① 旅客违反铁路安全规定，不听从铁路工作人员引导、劝阻等违法违章行为或其他自身原因造成的伤害，属于旅客自身责任。

② 由于铁路运输企业人员的职务行为和设施设备的原因给旅客造成的伤害，属于铁路运输企业责任。

非上述原因造成的伤害分为客运责任和其他单位责任。客运责任分为车站责任、列车责任。

有下列情形之一的，属于列车责任：

· 由于车门未锁造成旅客跳车、坠车或站内背门下车造成旅客伤害的；

· 因列车工作人员的过失，致使旅客在不办理乘降的车站（包括区间停车）下车造成人身伤害的；

· 由于组织不力，旅客下车挤、摔造成伤害的；

· 车站误售、误剪车票、列车未能妥善处理造成旅客跳车伤害的；

· 因列车报错站名致使旅客误下车造成伤害的；

· 因列车工作人员的过失造成旅客挤伤、烫伤的；

· 因餐车、售货销售的食物造成旅客食物中毒的；

· 因违章操作、管理设备不善造成火灾、爆炸，发生旅客伤害的；

· 因列车设备不良造成旅客人身伤害的；

· 事故处理工作组有理由认为属于列车责任的。

③ 由于旅客和铁路运输企业合同双方以外的人给旅客造成的伤害，属于第三人责任。

④ 非上述三种责任造成的伤害，属于其他责任。

因不可抗力或旅客的健康原因造成的或者承运人证明伤亡是旅客故意、重大过失造成的，承运人不承担责任。

【案例 7-8】 ×年×月×日，张××在天津西站持站台票送其女友乘坐547次列车。张为给其女友找座，不顾列车员劝阻和持站台票不准上车的规定，强行上车。列车启动后又向列车员提出打开车门跳车。被列车员拒绝后，张找到列车长苏××反复声称有急事，自己年轻跳车没事。苏车长打开车门让其跳下，张跳车后被列车运行速度的惯性带倒，左小腿轧断，经送医院抢救，左腿自膝盖部截肢。

此案不同于一般旅客伤害，如没有列车长给开门的情节，铁路在站台票面上已向持票人告知不能上车，列车员也进行了宣传，他自行跳车，铁路则没有责任。但此案铁路有过失，因此要求责任局比照旅客责任伤害，承担责任，尽快处理。最终该局根据铁道部指示，与受伤人协商，双方达成一致，共计赔偿37万元。

第四节 非正常情况的应急处理

一、线路中断列车停止运行的处理

线路中断造成列车不能继续运行时，列车长应迅速了解停运的原因，组织列车工作人员稳定车内秩序。发生火灾爆炸事故时，应组织旅客撤离现场，抢救伤员，扑救火灾（必要时应分解列车），调查取证，妥善安排被阻旅客，并迅速与就近车站联系，向客调及上级有关领导报告情况。

列车停运且不能在短时间内恢复运行时，站车应做好服务工作，解决旅客困难，做好饮食供应工作。必要时，向地方政府报告请求援助。事故发生局还应向国务院铁路主管部门请求命令后向全路发出停办客运业务的电报。恢复通车时也照此办理。车站应将停办营业和恢复营业的信息及时向旅客公告。

停止运行站或列车在旅客车票背面注明“日期、原因、返回××站”字样或贴同样内容的小条，并加盖站名章或列车长名章，作为旅客免费返回发站或中途站办理退票或改签以及延长有效期的凭证。

【案例 7-9】×年×月×日 50 次列车正点运行到达新余站。列车长接到调度命令：前方线路发生故障，停站就地待命。列车长随即组织召开“三乘一体”会议进行研究并做出部署，要求乘务员坚守岗位、做好服务；广播宣传做好解释，安抚旅客；掌握车内情况，进行防盗宣传，维护好列车治安秩序；组织服务队下车厢访问旅客，送水送药，耐心解答旅客询问。凌晨 2 时 38 分，接调令折返株洲，绕道经由京广、武九线运行迂回上海。车上立即做好广播宣传，并为旅客办理签票手续。

绕道运行中，发现缺少餐料、发电车缺油等问题，立即向当地客调报告，拍发电报请求领导支持。后来列车在武昌、向塘站补餐料、燃油，保证了旅客饮食供应和空调、照明需要。列车于第 3 日 17 点 50 分安全到达上海。列车长立即与站方联系，停车 1 小时 55 分后马上折返。全体乘务员不辞辛劳，发扬连续作战、不怕疲劳的大无畏精神，马上投入车厢整备、搞卫生、更换卧具，餐车急速外出采购补充餐料，最终在 19 点 45 分晚点发车。乘务组一路上做好了列车各项服务工作，确保了旅客及列车安全，质量良好地完成了本次列车的旅客和行包输送任务。

二、旅客列车发生火灾、爆炸事故的处理

1. 火灾、爆炸事故的处理

旅客列车发生火灾，爆炸事故时，全体乘务人员必须按照分工坚守岗位，不得擅离职守，要在列车长、乘警长的统一指导下，按防火、防爆有关规定，并根据实际情况，灵活果断地采取得力措施，紧急处置，最大限度地减少伤亡损失。

（1）立即停车。在列车运行中发生火灾或爆炸时，发现火情（一时难以扑灭）的乘务人员，特别是本车厢和相邻车厢乘务员应立即使用紧急制动阀，迫使列车停在安全地带（停车时应避开桥梁、隧道、人口稠密区、重要建筑物）。未停稳时，防止旅客跳车。

（2）疏散旅客。紧急制动后，列车乘务人员应迅速指挥旅客疏散到临近车厢，同时向列车长、乘警长报告。

（3）迅速扑救。列车长、乘警长接到报告后，应立即组织指挥休班人员和旅客中的公安、解放军战士进行扑救，并通知各车厢乘务员坚守岗位，严禁旅客下车、跳车、串车，防止意外事故发生，以便事后查明情况。如因爆炸引起的火灾，对还未爆炸的物品，应协助公安民警排除爆炸物，消除隐患，使用灭火器扑压火势。

（4）切断火源。停车后，车辆、机车乘务员和运转车长要根据火势情况，迅速将起火车厢与列车分离，截断火源，防止火势蔓延。

（5）设置防护。列车分解后，运转车长和机车乘务员要迅速

设置防护。运转车长负责指挥拧紧车辆手制动机。

（6）报告救援。列车长或运转车长和乘警要尽快向行车调度报告事故情况，请求救援。报告内容要简明扼要，车次、时间、地点、火势情况等。必要时，还应向当地政府、公安机关和驻军请求救援。

（7）抢救伤员。在疏散旅客，迅速扑救的同时，要积极采取各种措施抢救伤员。

（8）保护现场。在扑救火灾时，要注意保护好现场。列车乘务人员要采取各种措施做好宣传工作，要安抚旅客情绪，维持好秩序，妥善安排被阻旅客，以免发生混乱，防止现场破坏。

（9）协助查访。列车乘务人员要积极协助列车长、乘警提供线索、帮助查破。列车长、乘警长在上级领导到达前，要认真查访，了解发生事故的原因和经过，并对肇事者和嫌疑对象做好审查控制工作。

（10）认真取证。乘警在保护现场的同时，还要做好调查笔录，收取证据，以利于现场勘察、侦察破案和查明原因。

【案例 7－10】××年××月××日 2247 次（武昌—广州，由武汉客运段担当乘务），列车从乐昌开车后，23 点 13 分运行至乐昌—韶关区间，里程 K2023＋800，在机后第 7 位的 5 号车发生爆炸（原因不明），造成旅客死亡 13 人，重伤 6 人，轻伤 5 人。事故发生后，列车长应如何处理（前方停车站韶关）？

在发生爆炸事故后，按“40 字”法进行处理。列车长应会同公安迅速组织扑救，积极组织抢救伤员，协助乘警收取证据，保护现场。并于列车恢复运行后，到前方（有电报所的）停车站—韶关站拍发事故速报。

填写事故速报实下表所示。

铁路电报　　　　电报客统—1

<table>
<tr><td>发报所</td><td>电报号码</td><td>等级</td><td>词数</td><td>日</td><td>时分</td><td>附　注</td></tr>
<tr><td></td><td></td><td></td><td></td><td></td><td></td><td>伤亡事故速报</td></tr>
<tr><td colspan="7">主送：羊城铁路总公司、武汉铁路分局客运分处、客调、公安处、车辆分处、安监室、武汉车辆段，乘警队、客运段。</td></tr>
<tr><td colspan="7">抄送：铁道部运输局客管处、客调、公安局、安监司，广州铁路（集团）公司、郑州铁路局客运处、客调、公安局、车辆处、安监室。</td></tr>
<tr><td colspan="7">×年×月×日武昌—广州 2161 次列车白石渡开车后，23 点 13 分运行至乐昌—韶关区间（里程 K2023+800），机后第 7 位 5 号车发生爆炸，原因不明。造成旅客死亡 13 人，重伤 6 人，轻伤 5 人，构成旅客伤亡重大事故。事故发生后，我车已组织扑救，报告救援，拦截汽车，将重、轻伤旅客转送附近医院抢救，妥善安置，对伤亡旅客进行详细登记，并动员全体乘务员、工人、干部积极行动起来，保护其他旅客财产和安全。列车于 16 日 0 点 05 分恢复运行。其他情况尚待调查，特此电告。</td></tr>
<tr><td colspan="7">(01) 05 号</td></tr>
<tr><td colspan="7"></td></tr>
<tr><td colspan="7">武汉客运段 2247 次列车长</td></tr>
<tr><td colspan="7">×××</td></tr>
<tr><td colspan="7">×年×月×日于韶关站</td></tr>
<tr><td colspan="7"></td></tr>
</table>

2. 空调列车电气短路或其他电器漏电失火时的处理

(1) 切断电源。

用干粉式或 1211 灭火器或 ABC 干粉灭火器对准火苗扑救。

（2）禁止用水或泡沫灭火器灭火。

近几年来，旅客列车使用电器设备增多，因此，要加强安全教育，做好日常防患工作。列车长应指派安全员经常巡视车厢，发现安全隐患，及时消除；有电气设备的地方，使用时做到人不离岗；注意不要将抹布等易燃物放置在电气设备上，以防患未然。

【案例 7－11】列车长上岗巡视及时发现、防止电器短路引燃的一起火灾事故。

×年×月×日 21 点 45 分，236 次列车运行即将到达梅州站前，当班车长上岗巡视车厢，突然闻到一股浓烈的烧焦异味，立即进行细致检查，发现餐车配电房内配电箱冒出浓烟，发出呛人异味。车长即令班长迅速通知检车员马上赶赴餐车抢修，经检车员到场打开配电房门、关闭电源开关进行检查，但未能发现电器线路发生故障部位，只有立即切断空调电源，餐车停止使用空调机制冷，只供照明用电，浓烟及烧焦的异味才慢慢消失。

幸好列车长上岗巡视及时发现，防止了一起因电器短路引燃的火灾事故，确保旅客列车安全。

【案例 7－12】空调短路冒白烟，列车长及时发现防止一起火灾事故。

×年×月×日约 9 点 40 分，K47 次行至株洲—衡阳间，当班列车长黎××检查到 7 号餐车时，闻到一股烧焦塑料异味，立即要求餐车人员一同查找，发现前台顶棚通风口处冒白烟，并且越来越浓。车长随即通知正在餐车用餐检车员吴××关闭总电源，对各用电设备细致检查，未发现起火源头。约 10 分钟后，重新开通电源，启动空调后又有白烟冒出，于是停止使用空调只供照明到广州。事后列车在库内检查，发现是空调短路引燃海绵造成冒白烟，幸及时发现防止一起火灾事故。

【案例 7-13】 列车员及时发现、防止电茶炉短路引起的一起火灾事故。

某年 6 月 19 日 2465 次列车运行在衡阳到郴州间（8 点 04 分），13 号车厢列车员周××突然发现该车厢冒出浓烟，即叫邻车厢列车员焦××迅速向列车长报告，车长接报后，令他再通知检车员，并立即会同乘警赶赴现场。当时周××已将乘务间内电源开关关闭，随后检车长赶到现场，关闭配电房总电源进行检查，此刻浓烟在车厢内通风口不断喷出，异味呛人，车长马上指挥扑救。由班长负责根据实际情况准备使用制动阀；焦××提来灭火器做好准备；由乘警和该车厢列车员组织 13 号车厢旅客疏散到 12 号、14 号车厢；周××在车内看守旅客行李，做好宣传，稳定旅客情绪。经检车长进行检查，拆开电茶炉底部内约 40～50 cm 深处，一红色塑料食品袋已烧熔化造成短路冒出浓烟。关闭电茶炉，停电 6 min 后车厢恢复供电制冷，旅客返回车厢。幸亏列车员及时发现，车长处理得当，扑救及时，未造成旅客人身伤害和财物损失，防止了一起因电器短路引燃的火灾事故，确保了旅客列车安全。

三、列车超员、弹簧压死的处理

1. 列车严重超员、弹簧压死的危害

（1）增加了车体所受的冲击力，给列车运行带来不安全因素，同时给旅客带来了不舒适感。

由于列车严重超员，造成弹簧超出弹性限度而不能回弹时，起不到枕弹簧的作用，相当于车体和轮对之间没有弹簧装置，同时液压减震器也失去了减震作用，则轮对与钢轨冲击时所产生的加速度会使车体产生很大的惯性力和振动力。不仅在行经钢轨接头处产生的明显振动，更严重的是行经道岔或小半径曲线时更为激烈，甚至可能造成车辆的脱轨。

因此，由于弹簧压死，不能缓冲和消减车辆在运行时的振动、冲击及平稳性，给旅客带来不舒适感，同时给旅客列车运行带来不安全因素。随着客车运行速度的不断提高，机车车辆与线路间的动力作用急剧增加，弹簧压死将进一步引起走行部零件与车体发生顶抗、磨碰，危及行车安全。

（2）影响旅客列车的运行速度。

弹簧的刚度与车辆的构造速度存在着一定的关系，刚度越大，车辆和构造速度越小。目前我国车辆的构造速度大都是 120km/h，这是与未被压死弹簧的刚度相适应的。弹簧被压死后，无疑将增加弹簧的刚度，影响了列车的运行速度。这与客车的提速运行是矛盾的，如果强行按图定速度行车，势必带来事故隐患。

（3）增加了车钩高差、易造成脱钩。

列车严重超员、造成弹簧压死主要发生在乘坐旅客较多的车厢，有时也有行李车，而餐车、软卧车、乘务员宿营车不受影响，势必形成有的客车车钩位置下降，有的不变。如果车钩高度差超过规定的范围（75 mm），当列车运行至道岔、路基松软地段时，车辆上下颠簸，尤其陡坡线路上，容易发生脱钩而造成列车分离，并且高差过大时，使车钩钩舌牵引面变小，局部钩舌的拉力承受不了牵引力，造成断钩。

2. 列车严重超员、弹簧压死的防范

为避免旅客列车严重超员，列车长应及时填写“列车旅客密度表”，随时掌握车内旅客密度，一旦超员，应及时向前方车站拍发超员电报。车站应严格按日班计划和预报组织售票。严禁无计划超售。站车密切配合，组织旅客均衡运输。在停车站组织旅客上车时，注意避免列车中部旅客多而两头少的现象，均匀分布，一面出现弹簧压死的现象。一旦车内人数已超出允许超员率时，列车长应尽快向前方营业站发出满员或者超员的电报，以控制超员在规定的幅度内，防止列车超员过于严重。

3. 列车严重超员，弹簧压死时的处理

当列车严重超员时，由车辆检车员确认车辆转向架弹簧状态，发现弹簧压死时不准开车。运转车长未得到值班乘检的允许不得显示发车信号，其他任何人无权指挥列车运行。

此时，列车长应作好以下工作：

（1）若个别车厢弹簧压死时，列车长应做好解释工作，组织列车乘务员将旅客疏散到其他车厢。

（2）若多数车厢超员严重时，列车长应立即下车，与停车站客运值班员联系，通过客运值班员找到客运主任，与其协商，动员并组织旅客下车，转乘其他列车。站车密切配合，对旅客进行耐心地劝导，做好旅客疏散工作。情况严重时，及时向客调报告，请求上级处理。

（3）经车辆乘务员检查确认弹簧恢复后，在保证安全的情况下方可开车。列车开车后，列车长应立即向沿途各停点站（超员区段）拍发超员电报。为确保旅客和列车的安全正点。请各站大力协助，停止发售、停剪该次列车的车票。对已售出该次列车车票的车站，应改签别的车次输送旅客。

【案例 7－14】×年×月×日××次（常德—广州）列车临

澧站开车时已严重超员，超员率180%，列车已按规定拍发了超员电报。到达汉寿、宁乡两站时，站台上站满旅客，秩序很乱，有的旅客用石头砸破车窗玻璃，爬进车厢。列车到达长沙站后，6、7、8号车厢已出现弹簧压死现象。列车长立即组织人员，会同乘警、安全员赶到该三节车厢内，进行宣传、动员、并与车站客运主任联系，在站方人员的协助下，将300多名旅客疏散下车。列车停车1小时30分钟，待车辆检车员检查鉴定弹簧复位后，安全发车，确保了旅客列车安全。

四、旅客列车在车站发生滞留及晚点时的处理

1. 旅客列车在车站发生滞留的处理

(1) 列车长应立即通知全体乘务人员各就各位，维持秩序，做好工作。

(2) 列车工作人员要坚守岗位，加强巡视，做好宣传，防止旅客跳车。

(3) 列车长应迅速编制列车广播词，广播员应反复广播宣传，避免旅客情绪激化。

(4) 当发现车上旅客有异常情况时，列车长应立即报告所在车站，请求协助，并转告上级领导。

(5) 列车长与乘警、车站值班员互相配合，做好宣传解释和旅客疏导工作。

下面是列车在车站滞留期间，由于列车与车站工作未配合好，处理不力，未能防止旅客伤亡事故的发生的典型事故：

【案例7-15】“3·5”旅客意外伤亡事故

(1) 事故概况：

×年3月5日，由郑州局客运公司襄樊分公司担当乘务的宜昌广州1357次旅客列车11点11分进入石湾站3道停车，由于该次部分旅客违反《铁路旅客运输规程》第9条的规定，不遵守规章制度，不听从列车和车站工作人员的劝阻，越过站台安全线，突然侵入线路，躲避不及，14点24分被通过的K253次列车刮碰，当场死亡6人，伤6人（其中送医院途中死亡1人，送医院抢救无效死亡1人），构成重大旅客意外伤亡事故（属旅客自身责任）。

（2）事故原因和责任：

① 设备故障严重打乱运输秩序

3月4日23点48分，因瓦园至哲桥下行线接触网415号杆上弹性补偿限位定位器质量不合格，轴套基座抓断脱落打坏机车受电弓，导致大面积接触网故障，直至5日7时19分才全部恢复供电，造成中断供电5小时09分，影响上行客车晚点27列、下行客车晚点72列。虽然原因和责任涉及设计、施工、厂家、监理等环节，主要原因是定位器质量不合格，但武广电气化开通后，大量新设备、新技术投入运用，人员素质、技术管理比较薄弱，对设备故障隐患查找能力不强，抢修经验不足，未能及时发现第一故障点，尽快恢复正常使用。加之，电力机车受电弓故障后，不能自动降弓，机车乘务员又较难发现，导致故障受电弓破坏接触网，扩大了故障面。而对具有自动降弓性能的新型受电弓技术改造投入不足、进度不快。

② 行车组织指挥人员在运输秩序混乱的情况下没有采取果断措施。

③ 对超劳机务班没有针对性做好工作。

④ 车站应急处理不力，不及时向上级报告，未主动配合列车规劝旅客。

⑤ 列车长未及时与车站取得联系，通报情况，请求支持，及时准确向上报告。

2. 旅客列车临时停车及晚点的处理

(1) 列车在中途站或区间临时停车时，列车乘务员要认真做好车门瞭望，确认列车所在位置及方向，注意车外动态。

(2) 坚守岗位，加强巡视，防止意外发生，严禁旅客从边门下车。

(3) 加强列车广播及乘务员口头宣传，劝说旅客不买、不吃围车叫卖的小商小贩无证经营的食品和饮料。

(4) 遇列车晚点，列车长要耐心地向旅客做出解释，因晚点给旅客带来的不便，要在广播中向广大旅客表示歉意。

(5) 全面服务，重点照顾，加强列车服务工作，稳定旅客情绪。

五、旅客列车发生食物中毒时的处理

1. 组织救治，保护现场

旅客列车发生 3 人以上食物中毒或疑似食物中毒时，列车长会同公安到现场勘察，立即广播找医生，尽力进行简单抢救处理工作。如用催吐的方法及时地排除胃内容物；用牛奶、豆浆、蛋清阻止毒物的吸收等。

做好现场保护工作，将病人吃剩的食物以及呕吐物要留样保存，以备化验（若病人无剩余食物，必要时将列车的食物留样以备鉴别）。

2. 及时报告，安置病人

列车长应及时通知前方站和所在站的卫生防疫部门派员进行处理，并向上级有关部门报告。编制客运记录，同时做好将病人交前方最近县、市车站转送医院及时抢救的准备。

3. 调查取证，稳定情绪

向旅客了解有关情况，调查食物中毒原因及毒源，收集两份以上旁证材料，取得医生诊断意见书，将中毒人员登记造册，连同病人及其车票和留样物品交站处理。

封存可疑食物，呕吐物品，停止销售并追回售出的可疑食物，待卫生防疫人员现场查验。未查清毒源前，剩余餐料、食品、开水等不允许向旅客供应。

稳定旅客情绪，对病人用过的餐具、器具、食品、物品集中保管，对病人用过的厕所清洗消毒，必要时暂时封闭。

属人为投毒而造成的事故，还应通知公安部门现场勘察侦破。

【案例 7-16】×年×月×日 Y430 次旅游列车从绍兴出发，车上是由绍兴县海外国际旅行社组团进行的“夕阳红新千年千名老人游北京”活动的 705 名旅客，其中多为 60 周岁以上的老人，最大的 80 岁。6 月 15 日 Y429 次由北京返回，20 点运行在济南至徐州区间，有 6 名旅客和 1 名乘务员开始肚痛，并伴有上吐下泻现象，此后陆续有旅客发生同样症状。列车在徐州、蚌埠、南京及绍兴站先后将 238 名有不良症状的旅客和乘务员交下送往当地医院治疗。由于处理及时、医治得当，全部康复。根据对病人排泄物和列车遗留食物检验、认定为午餐的盐水鸡腿与发病明显相关，事故原因是该次餐车人员违规采购所致。

六、旅客列车对精神病旅客及其肇事行为的处理

1. 对精神病患者乘车的处理

（1）对无人护送的精神病患者（或旅客）。

车站发现无人护送精神病患者，应严禁乘车。

列车内发现无人护送的无票精神病患者，列车长应编制客运记录，交最近前方三等以上车站处理。车站原则上应通知其监护人领回，公安人员予以协助。

列车内发现无人护送的精神病旅客，列车长应指派专人看护，公安人员应予以协助。列车长应编制客运记录，移交旅客到站或换车站处理，不得转交中途站。

车站对列车上交下的无人护送的精神病旅客，由车站客运、公安共同负责妥善处理。

（2）对有人护送的精神病旅客。

车站对有人护送的精神病旅客，应通知列车长，列车乘务员应向护送人员介绍安全注意事项，协助护送人员，防止发生意外。

2. 发生旅客突发性精神病肇事的处理

列车上发生旅客突发性精神病肇事时，应做到发现得早、控制得住、处置得了，有效防止人员伤亡和财产损失。

（1）及时报告，安定情绪。

乘警和列车工作人员经常巡视车厢，发觉精神异常人员应及时向列车长和乘警长报告，并采取妥善措施，安定其情绪。

（2）查堵管制刀具，防止发生危害。

要加强管制刀具的查堵工作，发现旅客携带管制刀具乘车时要坚决依法予以收缴。对于不在管制刀具之列但又易于伤害旅客的其他危险性刀具，须指导携带人妥善保管，防止发生危害。餐车的刀具要保管好，不准闲人进入厨房。

（3）配备非杀伤性警械和药品，以备急需。

经常发生旅客突发精神病肇事的列车，可配备一定数量的约束带和警绳（不得使用手铐）和缓解精神的药品，以备急需。

一旦发现肇事苗头，列车工作人员要请旅客中的医务人员对其进行药物治疗，避免酿成事端。

（4）发生危及安全的情况时进行有效处置。

突发性精神病患者手持管制刀具或其他器具正在或准备伤害旅客，损毁公私财物，准备跳车或用其他方式自杀、玩火或准备纵火等有严重危及行车安全或旅客安全的行为时，列车长和乘警立即赶赴现场，组织列车工作人员紧急疏散旅客。要在保证旅客安全的前提下，立即采取果断措施并设法接近精神病患者制服。对不听制止危害他人安全的，乘警可采取保护性约束措施，包括使用约束带、警绳等约束性警械，至精神恢复正常。同时做好相应疏导工作，稳定旅客情绪，维护良好秩序。

（5）一旦造成人员伤亡或财产损失，列车长要积极组织抢救，调查人员伤亡财物损失情况。受伤人员交站送医院救治。列车乘警做好现场记录。

【案例 7－17】制止突发精神病旅客自碰头伤，夺锤乱舞伤害旅客事件

长沙至武昌间（20 点 30 分）乘坐硬座 17 号车厢无座旅客陈××，男 41 岁（河南省方城县四李店乡小店村）由其女儿陪

同，持广州至郑州车票。因车内严重超员，旅途无坐，疲劳过度晕倒，其女儿告诉列车员，该车列车员立即向车长报告。列车长得知后立即会同乘警赶赴该车厢，将晕倒旅客背到14号硬卧车厢边门外安置休息。但他醒来后便胡言乱语，举止狂躁，大喊有人追杀他，到处乱跑乱撞，用头猛撞击车门，欲想跳车，造成头部前额创伤；此时正好检车员通过此处，在无防备的情况下，被他强夺手锤，进入车厢内挥锤乱舞，造成旅客惊恐，纷纷躲避。

为了防止其伤害其他旅客，在同车军人、武警协助下一齐将其制服。车长马上通过广播，请来大同矿务局卫生院医生，为他诊治和包扎护理。诊断其为间歇性突发精神病，因伤口过大、流血过多，必须马上送往医院治疗。车长编记录交武昌站，但站方拒接。最后决定由副车长、班长下车，将患者送往武昌铁路医院治疗，待其神志恢复清醒后，送回武昌站，值班员在记录上签认，并办理改签1月7日T6次手续，其由女儿陪同，平安到达郑州站。避免了一起突发精神病患者跳车伤亡及造成其他旅客意外伤害事故。

七、其他非正常情况的处理

1. 旅客列车发生票据、票款丢失的处理

(1) 立即报告列车长和乘警，保护现场。

(2) 提供线索，收集材料，协助调查，组织查找。

(3) 拍发电报，报告有关部门。

2. 对弃婴的处理

列车内发现弃婴，应编制客运记录交县、市所在地车站处理，车站不得拒收。车站对列车移交或车站发现的弃婴应交当地民政部门处理。

3. 旅客在列车上分娩的处理

(1) 应安置适当地点（通风、人少、安静、安全、方便）；

(2) 通过广播或列车员宣传，请旅客中的医务人员或熟悉接生的旅客协助；

(3) 准备好产包、急救药箱、卫生纸、消毒过的桶子、红糖等必需品；

(4) 记录产妇和接生人员的姓名、职业、地址、工作单位、分娩情况等；

(5) 记录产妇的车票号、发到站和随身携带品，编制客运记录准备交站；

(6) 对难产者需本人或护送者签字以备查。

4. 旅客列车遇石击的处理

(1) 了解情况，收集旁证（物证)。

(2) 救治伤员，编制客运记录交站。

(3) 迅速拍发追查肇事者电报。

5. 旅客列车发生突发性治安、刑事案件的处理

(1) 立即报告乘警和列车长。

(2) 监视现场，维持秩序。

(3) 保护现场，调查取证。

(4) 抢救伤员，编制记录交站，转送医院治疗。

(5) 重大刑事案件、凶杀案件及时拍发电报。

【案例 7-18】 ××年×月×日凌晨，1319 次（广州—重庆）列车运行至柳州地段，3 号车厢有 4 名不法之徒手持菜刀进行扒窃。当班列车员悄悄通知一旅客去 10 号车厢报案。当班列车长

闻讯后，一方面让安全员通知乘警；另一方面亲自带车班骨干到3号车厢。当4名嫌疑人员见列车长带人过来之际，突然从车窗逃走，列车长冲上前去将一名预逃犯制服。3分钟后乘警赶到，取出手铐将犯人带走。当即受到车厢全体旅客的拍手称赞。

6. 旅客列车上发生打架、斗殴的处理

（1）迅速报告乘警和列车长，进行劝阻。

（2）组织救护。

（3）收集旁证。

（4）编制客运记录，交站处理。

（5）车站和派出所不得拒收。

7. 旅客列车发生路外伤亡临时停车的处理

（1）坚守岗位，维持秩序。

（2）列车长督促司机和运转车长迅速处理，将死者移至道旁，伤者迅速抬上列车尽快恢复列车运行。

（3）列车广播找医，进行抢救。

（4）编制客运记录交站，转送医院救治。

8. 空调列车运行途中发现故障的处理

（1）列车员及时报告列车长，通知车辆乘务人员千方百计进行抢修。

（2）在规定时间内不能修复时，经列车长认定并签认后，列车长要妥善安置旅客，做好宣传工作。遇安置有困难时，由列车长编制客运记录交旅客到站退空调票。

（3）若发现发电车油量不足列车空调不能使用至终到站时，应在保证必要的照明、通风情况下，酌减用电负荷，必要时向旅客做出解释和道歉，并及时向本单位汇报听取指示。同时发电报通知前方车站（有加油站的）和有关客调、车辆部门要求加油。

（4）当检车组长预测返程空调不能修复时，列车长应及时拍发电报通知该车席停止发售空调票，尽量将问题解决在旅客乘车前。

9. 列车夜间运行中突然停电时的处理

（1）列车乘务员应立即通知检车员到场处理。

（2）列车乘警要及时赶到现场，稳定车内秩序，加强治安管理。

（3）停电车厢乘务员要坚守岗位，封闭两端车门，防止发生意外。

（4）严禁使用明火照明。

10. 列车运行途中因车辆故障甩车时的处理

（1）列车长应立即向所属路局（集团公司）和担当客运段报告。

（2）向本车厢旅客做好解释工作，并有组织有秩序地疏散，同时，做好重点旅客和外籍旅客的安排工作。

（3）甩车后造成旅客变更座别、铺位时，对所发生的票价差额，应补收的不补收；应退款时，由列车长编制客运记录，到站退还变更区间票价差额；已乘区间不足起码里程时，退还全程票价差额，变更区间不足起码里程时，按起码里程计算。均不收退票费。

列车长应派检车乘务员和列车员看守被甩车辆，并积极联系当地调度、车辆维修部门修复车辆后挂回客运段所在车站。

参 考 文 献

[1] 铁路旅客运输服务质量标准．第二部分：列车．北京：中国铁道出版社，2002.

[2] 王甦男主编．旅客运输．北京：中国铁道出版社，2005.

[3] 林名清编．客运乘务组织．北京：中国铁道出版社，1996.

[4] 方晨编著．客运列车乘务安全．北京：中国铁道出版社，2005.

[5] 上海铁路局组织编写．特快旅客列车软（硬）席列车员．北京：中国铁道出版社，2005.

[6] 董正秀，张苏敏主编．铁路客运服务礼仪．北京：中国铁道出版社，2005.